Produktnamen der Lebensmittelindustrie

POTSDAM LINGUISTIC INVESTIGATIONS
POTSDAMER LINGUISTISCHE UNTERSUCHUNGEN
RECHERCHES LINGUISTIQUES À POTSDAM

Edited by / Herausgegeben von / Edité par

Peter Kosta, Gerda Haßler, Teodora Radeva-Bork,
Lilia Schürcks and / und / et Nadine Thielemann

Vol./Bd 14

*Zu Qualitätssicherung und Peer Review der vorliegenden Publikation*

Die Qualität der in dieser Reihe erscheinenden Arbeiten wird vor der Publikation durch einen externen, von der Herausgeberschaft benannten Gutachter im Double Blind Verfahren geprüft. Dabei ist der Autor der Arbeit dem Gutachter während der Prüfung namentlich nicht bekannt; der Gutachter bleibt anonym.

*Notes on the quality assurance and peer review of this publication*

Prior to publication, the quality of the work published in this series is double blind reviewed by an external referee appointed by the editorship. The referee is not aware of the author's name when performing the review; the referee's name is not disclosed.

Marion Eva Ernst

# Produktnamen der Lebensmittelindustrie

## Eine empirisch-strukturelle Untersuchung

PETER LANG
EDITION

**Bibliografische Information der Deutschen Nationalbibliothek**
Die Deutsche Nationalbibliothek verzeichnet diese Publikation in der Deutschen Nationalbibliografie; detaillierte bibliografische Daten sind im Internet über http://dnb.d-nb.de abrufbar.

Zugl.: Potsdam, Univ., Diss., 2012

Umschlaggestaltung:
© Olaf Glöckler, Atelier Platen, Friedberg

Gedruckt auf alterungsbeständigem,
säurefreiem Papier.

517
ISSN 1862-524X
ISBN 978-3-631-65474-3 (Print)
E-ISBN 978-3-653-04709-7 (E-Book)
DOI 10.3726/978-3-653-04709-7



Peter Lang – Frankfurt am Main · Bern · Bruxelles ·
New York · Oxford · Warszawa · Wien



Diese Publikation wurde begutachtet.

www.peterlang.com

# Editorial

The series *Potsdam Linguistic Investigations – Potsdamer linguistische Untersuchungen – Recherches linguistiques à Potsdam* presents cutting-edge fundamental linguistics research carried out at the University of Potsdam. Its major goal is to publish collection of articles, conference proceedings and monographs on contemporary issues in the fields of Slavic languages and literature, Romance studies, English and American studies, German studies and general linguistics. A special focus of study is the formal, functional and cognitive description of language. The following areas of linguistics will seek to develop their own profile: phonology, morphology, syntax (with special attention to generative syntax), semantics, pragmatics (discourse analysis, speech act theory), sociolinguistics and language contact.

We do not set any theoretical, methodological or geographical boundaries. The series will serve greatly as a forum for young scholars as well as other researchers working in various linguistic fields and frameworks in Potsdam or elsewhere. The indication of Potsdam stands for the crucial importance and outstanding quality of linguistics research at the University of Potsdam. On the other hand, researchers from other Universities with proven excellence of their work are most welcome to publish their doctoral dissertations, habilitation monographs or conference proceedings in this series. The languages of publication are German, English and French.

# Editorial

Die Reihe *Potsdam Linguistic Investigations – Potsdamer linguistische Untersuchungen – Recherches linguistiques à Potsdam* ist eine Plattform für linguistische Forschungen an der Universität Potsdam. Sie publiziert Sammelbände und Monographien zu aktuellen Fragen der zeitgenössischen internationalen Linguistik aus den Disziplinen Slavistik, Romanistik, Anglistik/Amerikanistik, Germanistik und Allgemeine Linguistik. Ein besonderer Schwerpunkt liegt in der formalen, funktionalen und kognitiven Sprachbeschreibung. Darin bilden vor allem die Bereiche Phonologie, Morphologie, Syntax (unter besonderer Berücksichtigung der generativen Syntax), Semantik, Pragmatik (Diskursanalyse, Sprechhandlungstheorie, Geschlechterforschung), Soziolinguistik und Sprachkontakt ihre eigenen Profile.

Wir wollen keine theoretischen, methodischen oder lokalen Grenzen setzen. Deshalb richtet sich die Reihe sowohl an Nachwuchswissenschaftler als auch an

Kollegen in Potsdam und außerhalb Potsdams, die in verschiedenen Richtungen, Modellen und theoretischen Ansätzen der modernen Linguistik arbeiten. Der Hinweis auf den Standort Potsdam soll zum einen die herausragende Bedeutung der linguistischen Forschung an dieser Universität signalisieren. Andererseits bedeutet die Nennung nicht, dass ausschließlich Forschungsergebnisse (einschließlich Dissertationen, Habilitationen und Konferenzsammelbände) veröffentlicht werden, die von Linguistinnen und Linguisten an der Universität Potsdam stammen. Die drei Publikationssprachen sind Deutsch, Englisch und Französisch.

# Editorial

La serie « *Potsdam Linguistic Investigations – Potsdamer linguistische Untersuchungen – Recherches linguistiques à Potsdam* » représente une plate-forme d'études linguistiques à l'université de Potsdam. Elle publie des recueils et des monographies sur les questions actuelles de la linguistique contemporaine internationale dans les domaines des études des langues slaves et romanes, anglaise et américaine, des langues germaniques et de la linguistique générale. Un point principal de recherche est posé sur la description formelle, fonctionnelle et cognitive des ces langues. Dans ces domaines, on met l'accent sur les profils de la phonologie, morphologie, syntaxe (en tenant compte de la syntaxe générative), sémantique, pragmatique (l'analyse du discours, la théorie des actes de la parole, la recherche sur le genre), la sociolinguistique où la linguistique de contact.

Nous ne voulons pas poser des limites dans la théorie, la méthode et le lieu de recherche. C'est pourquoi la série invite les jeunes chercheurs ainsi que les collègues de Potsdam et des autres universités qui travaillent dans les secteurs de la linguistique moderne. Le titre de la série veut démontrer d'un coté l'excellente qualité de la recherche linguistique à Potsdam sans toutefois exclure les autres. Cela veut dire que nous acceptons et nous invitons les linguistes de Potsdam et de l'extérieur (inclus les thèses de doctorat et d'habilitation et les actes de colloques). Les trois langues de publication sont : l'allemand, l'anglais et le français.

# Danksagung

An dieser Stelle möchte ich mich bei all denjenigen bedanken, die diese Arbeit ermöglicht und mich während ihrer Erstellung maßgeblich unterstützt haben. Mein Dank geht an Prof. Dr. Heide Wegener, die die Anregung zu dieser Arbeit gegeben hat und sie über einen langen Zeitraum betreut hat. Besonders bedanken möchte ich mich bei Prof. Dr. Wolf-Dieter Krause, der als Erstgutachter die Betreuung der Arbeit übernahm und mir während der Fertigstellung wertvolle inhaltliche und formale Hinweise zukommen ließ. Prof. Dr. Gisbert Fanselow danke ich für die Bereitschaft, die Arbeit kurzfristig als Zweitgutachter anzunehmen. Für das Interesse an meiner Arbeit und die zahlreichen kritisch-wohlwollenden Hinweise im Rahmen der Entstehung möchte ich mich bei Prof. Dr. Elke Ronneberger-Sibold ganz herzlich bedanken wie auch für die stets bereichernden Diskussionen zum Thema Produktnamenkreation. Dr. Uta Sändig und Dr. Karl-Heinz Hartmann gilt mein herzlicher Dank für motivierendes inhaltliches Gegenlesen in einer frühen Phase der Arbeit.

Was die Veröffentlichung dieser Arbeit betrifft, so geht mein besonderer Dank vor allem an Prof. Dr. Peter Kosta. Ohne seine großzügige Unterstützung wäre die Aufnahme dieser Arbeit in der Reihe *Potsdam Linguistic Investigations* nicht möglich gewesen. Auch Erika Corbara hat mir in dieser Hinsicht sehr geholfen.

Mein großer Dank gilt meiner Schwester Angela, die jeden Änderungswunsch in Bezug auf Formatierung jederzeit geduldig erfüllte. Auch meiner Mutter möchte ich für ihre verständnisvolle Unterstützung während der Entstehung der Arbeit danken.

Ein abschließender Dank gilt dem Verlag Peter Lang für die freundliche und professionelle Unterstützung während der Veröffentlichungsphase.

# Inhaltsverzeichnis

# 1. Einleitung

Marken- und Produktnamen[1] stellen einen zentralen Bereich der Alltagskommunikation dar. Führt man sich die Momente vor Augen, in denen man mit dem Phänomen „Produktname“ konfrontiert wird, ließe sich eine beachtliche Liste von Situationen aufführen, die dies bestätigen: Sei es bei der Rezeption von Katalogen, Werbeprospekten, Anzeigen von Zeitschriften, Fernseh-, Radio- und Kinowerbung, sei es nicht zuletzt beim Kauf von Waren. Mit bis zu 300 Produktnamen kommt der Konsument täglich in Kontakt (Latour 1992:140). Produktnamen sind ein sprachlich omnipräsentes Phänomen, als Repräsentanten einer „lingua franca“ sind sie bis in die entlegensten Winkel der Welt verbreitet (Platen 1997:1).

Weltweit sind über 10 Millionen Markennamen geschützt, allein 400.000 entfallen auf Deutschland (Kircher 2001:477) – mehr als 42.000 kommen täglich hinzu. Ein wesentlicher Grund für die hohe Frequenz von Produktnamen liegt in dem stetig steigenden Warenangebot. Dieser Aspekt ist einerseits profan, unter onomasiologischem Aspekt andererseits von zentraler Bedeutung: Mit einer begrenzten Zahl sprachlicher Zeichen muss eine ständig wachsende Zahl von Produkten benannt werden.

Dieses Benennungsverfahren reicht dabei weit über ein der Distinktion dienendes Benennen hinaus, denn mit ihm gehen Anforderungen einher, die sowohl marktwirtschaftlicher, gesellschaftlicher und vor allem sprachlicher Natur sind.

Mit der in der zweiten Hälfte des 19. Jahrhunderts einsetzenden Industriealisierung erfuhr das Markenwesen, in Form einer markierten Industrieware, eine neue, erweiterte Bedeutung. Die Entwicklung von handwerklichen Produkten zur industriell hergestellten Massenware machte in erster Linie das gesamte Markengeschehen anonymer (Rüschen 1994:122), ein Aspekt, der auch Konsequenzen auf die Beziehung „Hersteller/Konsument“ hatte. Denn die überregionale Warenproduktion vergrößerte den räumlichen und semantischen Abstand zwischen Produzent und Abnehmer, sie wurde unpersönlicher (Leitherer 1994:137). Sollte die Bindung an den Kunden auch im anonymen Warenbetrieb Bestand haben, so musste dies der Markenartikel durch Kenntlichmachung seiner produktspezifischen Eigenschaften und – viel wichtiger noch – durch Kenntlichmachung seiner qualitätsstiftenden Funktion selbst leisten.

1 Zur Wahl des für die vorliegende Arbeit gewählten Terminus cf. Kap 1.3.

Damit war das Markenartikelsystem moderner Prägung geschaffen worden, denn mit der industriellen Herstellung von Waren entstand auch ein neues Absatzsystem, in dem dem Markennamen eine bedeutende kommunikative Rolle zukam. Mit der Verwendung des Markenartikels entstand ein „neues Element im Warenvertrieb" (Leitherer 1994:137), das in Ablösung vom gesprochenen Wort durch einen besonderen Zeichencharakter gekennzeichnet ist.

Die verbale Vertrauensbildung zwischen Hersteller und Konsumenten kam nun, reduziert auf eine Wort- und Bildsprache, der Marke und damit auch dem Markennamen zu. Durch sie wurden „neue soziale Stabilitäten" eingeführt (Brandmeyer/Deichsel 1991:15), die fehlende Begegnung zwischen Produzent und Käufer ersetzte die Marke als vertrauensbildende Maßnahme. Der Markenartikel stellt quasi in anderer Form die verloren gegangene Kommunikation zwischen Hersteller und Verbraucher wieder her und tritt im Grunde auch an die Stelle des beratenden Verkaufsgesprächs.

Mit der Loslösung vom gesprochenen Wort zum standardisierten Zeichen verkürzte sich nicht nur die Kommunikation zwischen Hersteller und Konsumenten, die Marke allein wurde „Teil eines für das Produkt gültigen Sprachsystems" (Leitherer 1994:138). Auf dem Absatzmarkt kam der Marke eine bedeutende kommunikative Rolle zu: Jenseits einer verbalen Kommunikation musste sie der Vertrauensbildung und Einflussnahme auf den Käufer dienen; beides sind Aspekte, die dem Kernziel des Markenwesens unterstehen: dem erfolgreichen Wiederverkauf der Ware und der langfristigen Sicherung des Absatzes (Rüschen 1994:123).

Eine echte Markenwarenproduktion mit modernen Produktionsbedingungen setzte in Deutschland um 1900 ein (Baßler 2002:160). Mit der industriellen Warenproduktion kamen so auch die ersten großen Markenprodukte auf den Markt: Neben Waschmitteln (*Persil*, 1907), Backpulver (*Dr. Oetkers Backin*), Brühwürfeln (*Maggi*, 1897) und dem von Bahlsen eingeführten „*Keks*" (1911), gab es auch die ersten Körperpflegeprodukte (*Odol*, 1893) (Baßler 2002:161).

Mit den industriellen Produktionsbedingungen musste sich ein neues Produkt zwischen Groß- und Einzelhandel, Kaufhäusern und damit wirtschaftlicher Konkurrenz behaupten. Verstärkt wurde dies noch durch die später einsetzende Möglichkeit der Selbstbedienung, die, aus den USA importiert, nach dem zweiten Weltkrieg auch Deutschland erreichte und die Waren nicht nur in Massen, sondern auch in abgepackter Form verlangte. Markierte Ware wurde umso erforderlicher, als die Produkte nunmehr die einzige Vermittlungsinstanz zwischen Hersteller und Verkäufer waren und quasi für sich selbst sprechen mussten.

Die moderne Marktwirtschaft mit ihrer fortschreitenden Diversifizierung in allen Branchen, die gänzlich neue Produkte entstehen ließ, macht die

Produktbenennung zu einer komplexen Aufgabe. Dies umso mehr, als die Öffnung internationaler Märkte werbewirksame Produktnamen in allen gängigen Sprachen mit gleichem Sinn und möglichst leichter Aussprache fordert, somit zusätzliche Anforderungen an die Produktnamenentwicklung stellt (s. hierzu Kap. „Internationalität"). Produktnamen müssen, sollen sie im Rahmen einer reizüberfluteten Konsumwelt erfolgreich sein, zu regelrechten *mind-markern* werden (Platen 1997:162), denn der Erfolg eines Produkts ist untrennbar mit seinem Namen verbunden.

Die Vorteile des Produkts werden in Verbindung mit dem Namen gelernt. Der Konsument orientiert sich am „guten Namen", der zum Inbegriff für dauerhafte Qualität und Verlässlichkeit des Produkts wird und sogar zum Inhalt werden kann: *Persil bleibt Persil.*

Der Produktname wird so zum kognitiven Anker für das Produkt. *Nomen est tota res* – der Name ist das Produkt (Sprengel 1990:410). Inwieweit ein Produkt wiedererkannt wird, hängt in erster Linie mit dem Namen zusammen, Farbgebung, Form und Design des Schriftzuges spielen eine untergeordnete Rolle (Platen 1997:162).

Die moderne Produktnamenentwicklung ist deshalb so komplex geworden, weil neben den sprachlichen Anforderungen auch außersprachliche Faktoren eine wesentliche Rolle spielen. Außersprachlich insofern, als Produktnamen (sprachliche) Spiegel gesellschaftlicher Werte sind, im Grunde sogar Werteträger sein können, was bei der Kreation von Produktnamen berücksichtigt werden muss.

Moderne Produktnamen müssen ein vielschichtigeres Adressatenfeld anvisieren als beispielsweise noch Anfang des 20. Jahrhunderts. Die Gesellschaftsschicht war damals deutlich homogener im Hinblick auf Wertvorstellungen, Konsumbedarf und Lebensstil (Ronneberger-Sibold 1998:220). Produzenten und Firmen hatten einen engeren Kundenkreis, d.h. Kundenprofile waren enger umrissen. Die Verkaufssituation war weit weniger anonym, der Kauf eines Produkts wurde von einem Verkaufsgespräch begleitet, das die Vorzüge eines Produkts, unabhängig von seinem Namen, kenntlich machte.

Ein einfacher Firmenname oder der Name des Herstellers waren also vollkommen ausreichend und sprachen, wenn sie etabliert waren, durch ihren Namen für die Qualität des oder der Produkte (z.B. die Bleistiftfirma *Faber-Castell* (1839) *Maggi* (1886).

Ein moderner Produktname muss dagegen auf eine viel inhomogenere Gesellschaft wirken (vgl. hierzu auch Ronneberger-Sibold 1998:226). Das heißt, der Verlust eines fest umrissenen Kundenprofils macht Produktnamen erforderlich, die sprachlich auf die verschiedenen Wertvorstellungen und Identifikationsmuster einer pluralistischen Gesellschaft hin ausgerichtet sind. Ein weiterer

Aspekt moderner Produktnamen ist „die Abkehr von der Betonung physischer Grundnutzen zugunsten der Vermittlung von Erlebniswelten…“ (Fritz 1994:10). Gemeint ist hier wohl, dass Benennungsmotive moderner Produktnamen mitunter weniger Eigenschaften des Produkts anvisieren als vielmehr kulturell konditionierte Werte.

In modernen Produktnamen kulminieren primäre (sachbezogene) und sekundäre (sozialbezogene) und marktwirtschaftliche Bezeichnungsnotwendigkeiten (Platen 1997:11), auf die mit vielfältigen kreativen Wortbildungs- und Wortschöpfungstechniken geantwortet wird. Als synchrone Artefakte sind sie „Grenzgänger par excellence“ (Platen 2000:239), die, wenn auch primär sprachliches Material, sich im Grenzbereich zwischen Linguistik, Onomastik und Marktwirtschaft bewegen, denen man sich in der neueren sprachwissenschaftlichen Forschung mit dem Begriff *Ökonymie* (Platen 1997) zu nähern suchte.

Moderne Produktnamen zeichnen sich in besonderem Maße durch eine Multifunktionalität aus, die hohe Anforderungen an Wortbildungsmöglichkeiten und Wortbildungsmotivation stellt.

So mag es nicht verwundern, dass in zunehmendem Maße Produktnamen wie *Bluedino, Noliko* oder *Fritt* die Geschäftsregale füllen, die den Eindruck hinterlassen, als regiere hier eine wildwuchernde, anarchische Kunstsprache. Produktnamen stellen zweifellos eine „eigenständige Menge sprachlicher Zeichen“ dar (Stoll 1999:47), deren Konstruktionsmechanismen scheinbar keine Grenzen gesetzt sind. Der unvoreingenommene, nicht linguistisch verstellte Blick glaubt hier Wortbildungskreationen wahrzunehmen, die jegliche standardsprachliche Wortbildungsmuster zu ignorieren scheinen.

Offenbar hat sich mit den Produktnamen eine sprachliche „Parallelwelt“ entwickelt, die einerseits faszinierend ist im Hinblick auf ihre strukturelle Unerschöpflichkeit, die andererseits die Frage nahe legt, ob mit dieser Produktivität nicht sprachlich geklonte Formen entstehen, die in ihrem Anderssein die regulären sprachlichen Wortbildungsmuster unterlaufen oder sogar verletzen.

Umso lohnender ist es, wenn nicht gleich Licht ins Dunkel der Produktnamenkreation zu bringen – das ist aus verschiedenen Blickwinkeln bereits geschehen – so doch einen fokussierenden Blick im Hinblick auf morphologische und phonologische Eigenschaften eines bestimmten Produktnamenbereichs zu werfen. Ein Werbespot für *Coca-Cola* mag als inspirierender Ausgangspunkt dienen. Ein Tourist versucht in einem fernen Land mit allen ihm zur Verfügung stehenden Mitteln in einem Werkzeugladen etwas zu trinken zu bekommen. Alle Versuche scheitern, bis er schließlich entnervt den Namen *Coca-Cola* ausspricht. Daraufhin erhellen sich die Gesichter der Einheimischen und der Tourist bekommt endlich das Gewünschte.

Wenn sich mit *Coca-Cola* die bekannteste Marke der Welt etabliert hat, dann mag dies einerseits mit dem Produkt selbst zusammenhängen, andererseits muss auch dem Namen ein gebührender Anteil am Erfolg des Produkts zukommen.

Inwiefern die Lautform [ko:ka'ko:la] irgendwie „gut" ist und inwiefern lautliche oder morphologische Eigenschaften für bestimmte sprachliche „Gütekriterien" von Produktnamen verantwortlich sind, soll gedanklicher Ausgangspunkt dieser Arbeit sein.

## 1.1 Forschungslage

Produktnamen sind nicht nur wesentlicher Bestandteil unserer Alltagssprache, sie stellen unter allen Namensarten den am stärksten expandierenden Bereich dar. Vor dem Hintergrund der Omnipräsenz von Produktnamen mag es verwundern, dass ihnen seitens der Linguistik bisher ein vergleichsweise geringes Interesse entgegengebracht wurde. Nur kleine Anzahl von Monographien widmet sich der Analyse der sprachlichen Struktur von Produktnamen, von denen die wenigen bereichsbezogenen kurz skizziert seien. [2]

Unter den Monographien, die sich branchenspezifischen Wortbildungsmustern widmen, liegen Arbeiten zu Chemiefasernamen (Sialm-Bossard 1975), zu Kunststoffnamen (Voigt 1982), zu amerikanischen Autonamen (Piller 1996) und zu italienischen Gerätenamen (Gabriel 2003) vor. Hervorzuheben ist hier die Arbeit von Voigt (1982), der ca. 900 Kunststoffnamen nach strukturellen und morphologischen Gesichtspunkten analysiert. Voigt liefert anhand einer Distributionsanalyse eine differenzierte Untersuchung von Kunststoffnamen mit dem Ziel, eine „beschreibbare Regelhaftigkeit" zu erlangen (Voigt 1982:92). Voigt untersucht nach dem Verfahren der Minimalpaarbildung regelmäßig wiederkehrende Sequenzen wie z.B. *-an, -al, -at, -ax* oder *-lan, -plast, -than, -pren* in Bezug auf Gleich- bzw. Ungleichheit. Die ermittelten Sequenzen werden unter Berücksichtigung ihrer Distribution (Anfangs- oder Endposition) systematisch nach ihrer morphologischen Struktur, ihrem grammatischen Status und ihrer semantischen Leistung analysiert.

Voigts Arbeit nimmt darüber hinaus eine Einordnung der Kunststoffnamen in das System der deutschen Sprache vor und fragt nach der Stellung der Markennamen zu Eigennamen und Appellativen. In Anlehnung an Römer (1976)

---

2 Einen differenzierten Forschungsüberblick auch zu älteren Aufsätzen und Monographien bietet Platen (1997:33–38).

schließt sich Voigt der Charakterisierung der Markennamen als „Appellativa eigener Art“ (Römer 1976:54) an, wobei es ihm sinnvoll erscheint, zwischen erfolgreichen und weniger erfolgreichen Markennamen zu unterscheiden (Voigt 1982:209). Werden erfolgreiche Markennamen Teil des aktiven Sprachvermögens der Sprecher, so können sie den zugrunde liegenden Gattungsbegriff sogar ersetzen: Ein Beispiel ist das *Tempo*- Papiertaschentuch, das als Name undifferenziert auf gleiche Produkte anderer Hersteller übertragen wird. Zudem unterliegen nach Voigt (1982:208) erfolgreiche Markennamen, die keine Stoffe bezeichnen, den syntaktischen Kriterien, denen auch Appellativa unterliegen: Sie sind zählbar:

a) „Sie nahm zwei *Aspirin*“,

und können in den Plural gesetzt werden:

b) „Er hatte in seiner Wohnung zwei *Sonys* installiert“ (Voigt 1982:208).

Auf andere Aspekte, wie z.B. phonologische und morphologische Eigenschaften, bessere Artikulierbarkeit oder kürzere Formen, die mögliche Präferenzen im Vergleich zu dem zugrunde liegenden Appellativum darstellen, geht Voigt nicht ein. Im Hinblick auf Konstruktionsmuster und semantisch motivierte Sequenzen liefert Voigt eine detaillierte Analyse der Kunststoffmarkennamen mit dem Ziel, anhand der Identifizierung eines branchenspezifischen Morpheminventars formal klassifizierten Sequenzen eine inhaltliche Bedeutung zuzuweisen (Voigt 1982:148). Reihenbildende Endungen wie *-lan, -len, -lon* weisen auf verschiedene Textil-Elemente, *-mat, -matic* auf Haushaltsgeräte, *-tron, -tronic* auf Elektrogeräte und können so auf physikalische Eigenschaften der entsprechenden Produkte hinweisen.

Die Arbeit *American Automobile Names* von Piller (1996) stellt eine weitere bereichsgebundene Untersuchung dar. Anhand eines Korpus von rund 2000 amerikanischen Automobilnamen widmet sich Piller neben ökonomischen und juristischen auch linguistischen Aspekten. Untersucht werden hier Simplizia (z.B. *Ace*), Komposita (z.B. *Airway*), Abkürzungen (z.B. *AMX, GTO*), Präfigierungen und Suffigierungen (z.B. *Bicentennial, Berlinetta*), Kombinationen aus Buchstaben und Numeralen (z.B. *024 de Tomaso*) sowie Eigennamen (z.B. *Ford*). Untersucht werden die verschiedenen Namenstypen nach folgenden Gesichtspunkten: 1. aus welchen Konstituenten sie im Einzelnen bestehen, 2. nach ihrer prozentualen Häufigkeit. So stellen Komposita wie *Airway, Airstream* oder *Skyhawk* mit 26% die prozentual häufigste Wortbildung dar, gefolgt von den Simplizia mit 22% und den „syntactic phrases“ wie *American Buckboard* mit 18%. Ihnen folgen Eigennamen (*Chrysler, Cadillac*) mit 13%, dicht dahinter mit 11% die nicht-syntagmatischen Wortbildungen wie z.B. Acronyme (*GTO, AMX*). Mit nur 5% sind Numerale (*300, 999*) vertreten.

Einen weiteren Schwerpunkt der Analyse bilden semantische Aspekte wie z.B. der Einsatz von Metaphern, sei es als Personifizierung (*Sundancer*), als Tiermetapher (*Mustang, Bronco*), oder als Bezeichnungen für Naturerscheinungen (*Airstream, Tempest*). Ins Blickfeld der Untersuchung geraten weiterhin ikonische Namen, z.B. als symbolträchtiger Verweis auf Technologie (*XX-500*) oder auf prestigehaltige Fremdheit (*Parisienne*).

Die semantische Analyse untersucht die verschiedenen Namenstypen nach folgenden Gesichtspunkten: 1. im Hinblick auf ihre Etymologie – so weit das möglich ist – und 2. nach ihrer prozentualen Häufigkeit. Innerhalb der Verwendung von Metaphern wird ein metaphorisches Konzept mit 46% bevorzugt: „The car is a human being" (Piller 1996:205). Pillers Analyse kann belegen, dass metaphorische Autonamen auf metaphorischen Konzepten beruhen, die auch standardsprachlich gut etabliert sind – wie z.B. Personifizierung (*Marauder*) oder Tiergestalten (*Mustang, Cougar*), während einige Konzepte wie *Turnpike Cruising* sehr selten im allgemeinen angloamerikanischen Sprachgebrauch sind. Die gesamte Untersuchung liefert eine detaillierte Analyse der verschiedenen Automobilnamen von 1805–1996 unter formalen und semantischen Gesichtspunkten. Die Arbeit schließt mit einem Ausblick auf die diachronen Variationen von Serienbezeichnungen innerhalb einer Automarke. Piller kann in diesem Zusammenhang zeigen, dass z.B. Simplizia als Serienbezeichnungen bei weniger hochwertigen Marken mehr Verwendung finden als bei Prestigemarken wie *Cadillac, Chrysler* oder *Lincoln.*

Mit der Arbeit zur „Produktonomastik" von Gabriel (2003) liegt eine Untersuchung vor, die sich am Beispiel der Produktart „Geräte" der Abgrenzung und Klassifikation der „Wortgebildetheit" von italienischen Produktnamen widmet. Anhand einer Korpusanalyse untersucht Gabriel Produktnamen nach ihrer formalen Struktur, analysiert Derivate (verschiedene Präfixbildungen), Komposita, Kontaminativbildungen und Abkürzungen, die, vor dem Hintergrund funktionaler Aspekte, nach graphischen und phonotaktischen Aspekten gesichtet werden, vor allem der Werbe- und Appellfunktion.

Im Hinblick auf die Semantik von Produktnamen registriert Gabriel verschiedene Grade von Motiviertheit, wobei jedoch nur die Extrempole „undurchsichtig" vs. „durchsichtig" problemlos bestimmt werden (Gabriel 2003:214). Zwischenstufen, wie teilmotivierte Namen mit Anspielung auf verschiedene Aspekte wie Form, Funktion, Qualität, werden erwähnt, jedoch ohne den Versuch einer Einordnung innerhalb einer Skala abnehmender bzw. zunehmender Motiviertheit.

An diese Untersuchung schließt sich eine Betrachtung produkt- bzw. bereichsspezifischer Bildungselemente und -muster an. Die Untersuchung erfasst eine Vielzahl von Produktnamen, die ein „Funktionskonglomerat" (Gabriel 2003:237) wie Information, Kürze und Internationalität mit verschiedener Gewichtung sprachlich umsetzen. So entstehen „komplexe Namen" (ebd. 237), in denen einzelne Elemente entweder Informationen zu dem Produkt vermitteln, wie z.B. Gattungsbezeichnungen oder andere durch die Verwendung bestimmter Segmente primär Werte wie „Technizität" vermitteln können (ebd. 237). Das Resultat der typologisch funktionalen Beschreibung zeigt Präferenzen im Hinblick auf bestimmte Formen und Benennungsmotive, die vor allem der Vermittlung von „Internationalität" und „Technizität" dienen (Gabriel 2003:239).

Unter den nicht bereichsgebundenen Monographien ist zunächst die Arbeit von Jean Praninskas (1968) zu nennen. Als ältere Analyse der in den USA praktizierten *Trade Name Creation* nimmt sie eine Sonderstellung ein. Hier wird, unabhängig von bestimmten Produktbereichen, anhand eines Korpus von ca. 2000 Produktnamen nach markennamenspezifischen Benennungsmustern und nach der Verwendung und Funktion fremdsprachlicher Anleihen geforscht. Untersucht werden dabei gleichermaßen auffällige Aspekte im Hinblick auf Lautung und Graphie, Morphologie und Semantik.

Praninskas ist einer der ersten, der, wenn auch eher registrierend, auf die rekurrente Verwendungsweise suffixaler Elemente wie z.B. *–an*, *-ax, -in, -il, -on* verweist, die als „commercial suffixes" ihrem semantischen Gehalt nach in Produktnamen neu konturiert werden.

Weiterhin ist die Arbeit von Platen (1997) zu nennen, die sich ebenfalls der Analyse von Wortbildungsmustern von Produktnamen widmet. Platens Arbeit, die sich im Untertitel als Beitrag zur „Produktnamenlinguistik im Europäischen Binnenmarkt" versteht, untersucht sowohl synchrone als auch diachrone Aspekte von Produktnamen. Der Analyse synchroner Aspekte stellt Platen eine Typologisierung voran, die kommerzielle Wortbildungsmuster nach sog. „Übernahmen" (lexikalischen und onymischen Übernahmen), „Konzeptformen" (deformierte und derivierte Formen wie z.B. *Smild, Yogurette*) und „Kunstwörtern" (*Haribo, Elmex*) differenziert.

Die Funktionen von Produktnamen sieht Platen über Begriffe wie Originalität, Information, Expressivität und Valorisation vermittelt, die er an Auffälligkeiten in Phonologie, Morphologie und Graphie kenntlich macht.

So dienen Auffälligkeiten auf phonologischer Ebene wie z.B. vollvokalischer Auslaut (*Schauma, Wella*), ungewöhnliche Konsonantenverbindungen (*Hakle Vlaush*) oder lautsymbolische Formen (*Hui, Hap, Flup*) primär dem *distinctive sound.*

Auf graphischer Ebene schaffen Inkongruenzen zwischen „code graphique" und „code phonique" die gewollten Differenzen zum Normalwortschatz (*X-tra, Exxon*). Auf morphologischer Ebene analysiert Platen sog. „kommerzielle Affixe", die als rekurrente „Bauelemente" in morphematischer Funktion erscheinen (Platen 1997:70), wie z.B. „Herstellermorpheme" (*Nescafé, Nesquick, Nestea*), die auf die Produkte eines Herstellers (*Nestlé*) verweisen, wie auch Konfixe aus Anglizismen, Gräzismen und Latinismen (*bio, fix, light, quick, san, soft*), die als Standardbausteine nach Platen primär qualitätsstiftende Funktion haben. Im Rahmen der „kommerziellen Derivation" (Platen 1997:79) weist er auf die klassenbildende Funktion bestimmter Auslautkombinationen hin, wie z.B. *-in* für pharmazeutische Produkte (*Aspirin, Novalgin, Thomapyrin*), das paradigmenbildend in der Bedeutung „pharmazeutisches Produkt" erscheint, oder *-lon* in *Nylon, Dralon, Perlon,* das Kunstfaserprodukte etikettiert. Platens Arbeit bezieht neben synchronen Aspekten der Produktnamenbildung auch diachrone Entwicklungstendenzen ein, indem er zeitbedingte Unterschiede und Entwicklungen der kommerziellen Benennungspraxis kenntlich macht. Als generellen Trend der Jahrtausendwende sieht er die Hinwendung zu artifiziellen Namen sowie das Abrücken von primär beschreibenden, durchsichtigen zu weniger transparenten Namen (*Loft* statt *Schokozauber* für Süßware oder *Kelts* statt *Keltenpils* für eine Biersorte).

Eine weitere nicht bereichsspezifische Untersuchung ist die Arbeit von Stoll (1999). Sie stellt eine systematische Analyse der sprachlichen Struktur und der Konstruktionsmechanismen und -motivationen von Markennamen dar. Spezifisch funktionale Aspekte der Markennamen wie Werbewirksamkeit und Appellfunktion werden nach Stoll über Manipulationen auf graphematischer, phonologischer und morphologischer Ebene erreicht. So wird Auffälligkeit auf graphematischer Ebene über seltene Grapheme wie <x>, <y> und <c> oder durch Graphemsubstitutionen <ck> → <x> (*Ruxxak*) erzielt.

Abweichungen auf phonologischer Ebene, die vor allem der Euphonie und Sprechbarkeit verpflichtet sind, kann Stoll, ähnlich wie Schuhmacher (1969), insofern bestätigen, als bei der Produktnamenbildung die Struktur der minimalen Silbe (CV) bevorzugt wird oder Konsonantencluster mit „geringer funktionaler Belastung" (Schuhmacher 1969:72) verwendet werden (*Smart, Smint, Swatch*).

Im Hinblick auf die morphologische Struktur klassifiziert Stoll nach standardsprachlichen Morphemen (*Neudo**mück***), okkasionellen standardsprachlichen Morphemen (*Tete**sept***), systematischen standardsprachlichen Morphemen (*Taxo**fit***) und systematischen markennamenspezifischen Morphemen (*Cil**lit***), wobei hier die Häufigkeit der Verwendung die Differenzierung zwischen „okkasionell" und „systematisch“ ausmacht. Stoll erweitert seine Untersuchung um den Aspekt des sprachlichen Ähnlichkeitsbegriffs zwischen Wörtern und wendet seine Erkenntnisse auf die Produktnamenbildung an. Sprachliche Ähnlichkeit – so Stoll – ergibt sich aus Übereinstimmungen im Wortakzent, der Silben- und Morphemstruktur. Stoll kommt zu dem Schluss, dass für die Bildung von Produktnamen die gleichen Ähnlichkeitskriterien gelten wie für alle sprachlichen Zeichen (Stoll 1999:5).

Anhand von sprachlichen Ähnlichkeitskriterien wie z.B. der Segmentstruktur untersucht Stoll, welche segmentalen und silbischen Strukturen in welchen Positionen zur Verwechslung von Wörtern führen können. Relevant ist dieser Aspekt insofern, als er erlaubt, die Verwechselbarkeit von Produktnamen vor dem Anforderungskatalog des Warenzeichen- bzw. Markenrechts einzuschätzen. Im Hinblick auf Silbenstruktur, Konsonanten und rhythmisches Muster können Entscheidungen zur klanglichen Verwechselbarkeit aus der Rechtsprechungsliteratur kritisch untersucht werden (Stoll 1989:213).

Mit der Arbeit von Kemmerling-Schoeps (2001) liegt die jüngste nicht bereichsspezifische Untersuchung zu produktiven Wortbildungsmustern in der Werbesprache vor. Kemmerling-Schoeps untersucht ein Korpus von ca. 3700 substantivischen Wortneubildungen der Verbrauchsgüterwerbung, die den Wortbildungstypen Determinativkompositum, Wortmischung, Wortkürzung, Suffigierung und Zusammenrückung angehören. Darüber hinaus wurden feste Syntagmen vom Typ *Nimm zwei* oder *Heißer Becher* hinzugenommen.

Auf der Basis einer „form- und bedeutungsorientierten Wortbildungsanalyse“ (Kemmerling-Schoeps 2001:5) stellt sie die Besonderheiten von Wortneuprägungen hinsichtlich eines quantitativen und qualitativen Verfahrens heraus.

Wesentliches Ziel der Arbeit ist, die Charakteristika der verschiedenen Wortbildungstypen und ihre Funktion sowie Bedeutung in der Werbesprache zu erörtern. Einen Schwerpunkt der Darstellung bildet dabei die Untersuchung sog. Wortgruppenlexeme, die im Übergangsbereich zwischen Wortbildung und Syntax anzusiedeln sind (z.B. *Nimm zwei*). Kemmerling-Schoeps geht hier auf Abgrenzungsmöglichkeiten und -probleme zwischen festem Syntagma und Zusammenrückung ein und schlägt statt klarer Grenzziehung ein Kontinuum vor (Kemmerling-Schoeps 2001:173).

Darüber hinaus widmet sich die Monographie der semantischen Analyse von Neuprägungen, genauer gesagt der semantischen Relation zwischen den Konstituenten. Die Untersuchung belegt „unscharfe Grenzen“ zwischen den Bezeichnungstypen und eine „strukturell bedingte Mehrdeutigkeit“ (Kemmerling-Schoeps 2001:6). Das Determinativkompositum *Sportler-Müsli* lässt z.B. je nach Art der gewählten Paraphrase Lesarten wie „Müsli, das Sportler essen“ (Agens), „Müsli, das für Sportler bestimmt ist“ (Benefaktiv) und „Müsli, das einen Sportler aus jemandem macht“ (Konsekutiv) zu.

Einen weiteren Schwerpunkt bildet die Verwendung von Hochwertwörtern und nicht-nativen Lexemen. So dienen z.B. Produktnamen wie *Feldkrone* für Fertiggerichte oder *Sonnenjuwel* für Obst in erster Linie der semantischen Aufwertung oder Emotionalisierung des betreffenden Produkts (Kemmerling-Schoeps 2001:192). Die Funktion der Abstrakta liegt allein in der Aufwertung der Ware, da keine „räumliche, zeitliche oder kausale Kontiguität zwischen Konkretum und Abstraktum“ vorliegt (Kemmerling-Schoeps 2001:193). Abstrakta wie *Erdbeertraum* [Tee] oder *Vanillezauber* [Likör] sollen vor allem eine positive Erwartungshaltung evozieren.

Das Schlusskapitel ist, basierend auf den gewonnenen Ergebnissen, der Frage gewidmet, inwieweit die Werbesprache als Sondersprache bezeichnet werden kann.

Ausgehend von den charakteristischen Kennzeichen von Sondersprache, die durch einen besonderen Wortschatz, ein besonderes Ausdrucksbedürfnis und eine spezifische Sprechergemeinde gekennzeichnet ist (Römer 1980:202), kommt Kemmerling-Schoeps zu folgendem Ergebnis: Die Werbesprache ist insofern eine Sondersprache, als sie durch produktive Wortbildungstypen wie Wortmischungen (*ChoColumbus*), *i*-Suffigierungen (*Blendis, Snowies*) und Wortkürzungen (*Eukas< Eukalyptus*) eine Besonderheit darstellt. Auch die Häufigkeit nicht-nativer Lexeme und Besonderheiten auf graphematischer Ebene (*SnäcLife*) rechtfertigen es, von der Werbesprache als einer Sondersprache zu sprechen (Kemmerling-Schoeps 2001:203).

Wie Sondersprachen erfüllt die Werbesprache auch ein bestimmtes Ausdrucksbedürfnis, setzt sie doch in erster Linie auf das Wecken von Konsumwünschen und der Veranlassung zur Kaufhandlung (Kemmerling-Schoeps 2001:203). Insofern ist sie nicht an einen beschränkten Adressatenkreis gerichtet, sondern zielt im Gegenteil auf besondere Breitenwirkung.

Mit der Arbeit von Inga Kasten (2008) zur linguistischen Markenführung liegt eine Abeit vor, die sich aus einer praktischen und theoretischen Sicht dem Begriff der Marke widmet. Folgende Aspekte werden von der Verfasserin untersucht: Im ersten theoretischen Teil erläutert Kasten wie sich das Sprachphänomen *Marke* mit linguistischen Methoden beschreiben lässt, genauer gesagt wie sich der Begriff der Marke in einen „linguistisch determinierten Kontext“ einbettet lässt (Kasten 2008:19). Die Bedeutung von Marken ist – so Kasten – mit „linguistischen Methoden eruierbar“ (Kasten 2008:17).

Ein weiterer Schwerpunkt ist der Rolle der Marke im Rahmen der gesellschaftlichen Kommunikation gewidmet. Kasten untersucht hier, welchen Einfluss der alltägliche Sprachgebrauch auf die Marke hat bzw. welche Rolle der gesellschaftlichen Kommunikation dabei zukommt.

Der dritte Teil der Arbeit ist sicher auch für Leute interessant ist, die in der Praxis im Bereich der Markenführung arbeiten. Hier werden die theoretisch ermittelten Grundlagen des ersten Teils an praktischen Beispielen verifiziert. Anhand der Produktmarke *BMW* und der Dienstleistungsmarke *American express* werden konkret formulierte Markenidentitätseigenschaften getestet. In einer Detailanalyse untersucht die Verfasserin wie über Eigenschaften wie z.B. *dynamisch* oder *herausfordernd* die Positionierung der Marke bestimmt wird. Der starke Praxisbezug der Arbeit kommt vor allem da zum Tragen, wo Kasten untersucht, ob anvisierte Bedeutungspotenziale von Marken durch Unternehmen selbst generiert werden können. Kastens Arbeit bietet so ein Analyseinstrument für die Bewertung der semantischen Potenziale von Marken, das sicher auch für Nichtlinguisten von Interesse ist.

Einzeluntersuchungen zu detaillierten Fragen der Wortbildung sind jüngeren Datums. Zu nennen sind hier die Arbeiten von Ronneberger-Sibold (1998, 1999, 2001). Neben einer Produktnamentypologie werden rekurrente Formen nach ihrer formalen Natur (Komposita, Suffigierungen, Pseudosuffigierung mit fremdsprachlichen Elementen) wie auch nach ihrer inhaltlichen Seite (Information, Assoziation) untersucht. Ronneberger-Sibold analysiert die einzelnen Strukturtypen von transparenten Formen wie *Staubblitz* bis zu Wortschöpfungen wie *Fa* und entwickelt anhand einer Skala abnehmender Motiviertheit eine Produktnamentypologie. Darüber hinaus untersucht sie die Regeln der Bildung von Produktnamen und geht der Frage nach, wo noch von regulärer Wortbildung gesprochen werden kann und wo Wortschöpfung beginnt.

Wesentlich neue Aspekte der Produktnamenbildung geraten da ins Blickfeld, wo Ronneberger-Sibold die Art und die semantische Leistung wiederkehrender Elemente analysiert. Anhand der Untersuchung einzelner Suffixe wie z.B. *-an, -al, -in, -il* oder romanischer Anleihen wie *-ella* erörtert sie einerseits, ob diese bereichsspezifisch verwendet werden. Andererseits analysiert sie den Status der integrierten Suffixe im Hinblick darauf, inwieweit der Morphemstatus erhalten bleibt oder ob hier nicht, in der Verwendung bei Produktnamen, eher die Lautung zum Tragen kommt.

Mit Rückgriff auf die „Natürliche Morphologie" (cf. Dressler 1990) erfasst sie mit dem Begriff des *Phonästhems* jene Entlehnungen in der Produktnamenbildung, die eine Tendenz zu semantischer Nivellierung aufweisen zugunsten einer Wirkung, die primär auf einer Lautbedeutsamkeit beruht.

## 1.2 Forschungsgegenstand und Zielsetzung

Die vorliegende Arbeit hat zum Ziel, am Beispiel ausgewählter Teilaspekte morphologische Besonderheiten und Auffälligkeiten in der Produktnamenbildung zu untersuchen. Für die Wahl von Produktnamen der Lebensmittelindustrie waren folgende Gründe ausschlaggebend:

Die Vielzahl der Produktnamen macht es erforderlich, den Untersuchungsgegenstand, wenn er einer differenzierten Analyse unterzogen werden soll, einzugrenzen. Zweitens kann von der Annahme ausgegangen werden, dass zwischen den einzelnen Warengruppen wie Medikamenten, Geräten, Kunststoffen etc. erhebliche Unterschiede in der Namengebung vorliegen. Und drittens waren Produktnamen der Lebensmittelindustrie m.E. bisher noch nicht gesondert Gegenstand einer sprachwissenschaftlichen Analyse.

Den Untersuchungsgegenstand bilden somit Produktnamen von Lebensmitteln, z.B. Fertigkost, Süßwaren, Getränken wie auch Produktnamen, die aus Hersteller- und Firmennamen der Nahrungsmittelindustrie entwickelt wurden. Das Datenmaterial besteht aus drei Gruppen von Produktnamen: Die erste Gruppe bilden Produktnamen, die mit Hilfe italienischer Diminutivsuffixe oder italienischer Movierungssuffixe abgeleitet sind (*Bluedino, Butella, Cornetto, Mildessa*). Die zweite Materialiengruppe besteht aus Kurzwörtern (*Eduscho, Haribo*), und die dritte Gruppe bilden Kunstwörter (*Duplo, Twix*), genauer gesagt Wortneubildungen, die auf der Basis künstlicher Wurzeln entstanden sind. Berücksichtigt werden hier Produktnamen, die Veränderungen im An- und Auslaut aufweisen (*Smild, Wella*), verschriftlichte Onomatopoetica (*Slurp, Miam*) sowie Produktnamen, die auf Lautbedeutsamkeit hin konzipiert sind (*Bifi, Tschisi*).

Das gesamte Datenmaterial setzt sich aus Produktnamen zusammen, die größtenteils in Eigenrecherche gesammelt wurden, um eine möglichst aktuelle Datengrundlage zu haben. Zusätzlich wurde auf die Produktnamenauswahl von Platen (1997) zurückgegriffen.

Die Beschränkung auf den Lebensmittelbereich mit der Prämisse, möglichst aktuelle Produktnamen in die Untersuchung eingehen zu lassen, wie auch die Eingrenzung des Datenmaterials auf ganz bestimmte Wortbildungstypen, haben ein eher kleines Korpus mit rund 134 Produktnamen entstehen lassen.

Je kleiner die Datenlage, umso mehr muss man mit scheinbaren Präferenzen rechnen, die sich bei einer größeren Datenmenge verschieben könnten. Weist eine sehr kleine Datenmenge ein und dieselbe Eigenschaft auf, so kann diese nur sehr bedingt für eine Hypothesenbildung herangezogen werden, auch wenn sich vergleichbare Ergebnisse zwischen den Teilkorpora ergeben. Trifft dies für einen bestimmten Untersuchungsbereich zu, z.B. für eine geringfügig vertretene Silbenzahl, so wird jeweils darauf hingewiesen.

Den Mittelpunkt der Arbeit soll eine Erfassung aktueller und frequenter Wortbildungsmittel bei Produktnamen bilden.

Nach Erläuterungen zur verwendeten Terminologie, zum linguistischen Status von Produktnamen und einer Einführung zu ihren grundlegenden Funktionen soll der Akzent auf der Morphologie und den morphologischen Prozessen der Produktnamenbildung liegen. Die morphologische Analyse untersucht für alle Produktnamen 1. die Wortbildungsmuster, die in die Produktnamenbildung eingehen, 2. frequente und präferierte Silbenzahlen, Silbenformen und -strukturen. Genauer gesagt geht es bei den Silbenformen um das Verhältnis offener und geschlossener Silben, während es bei der Silbenstruktur um die Besetzung der Silbenränder geht, also um die Besetzung der CV-Schicht. Für die Analyse frequenter und präferierter Silbenzahlen wie auch der Wortformen wird ein statistisches Verfahren gewählt, wobei die errechneten Werte jeweils in Balkendiagrammen absteigend von links nach rechts dargestellt werden. Den ermittelten Präferenzen wird dabei nur dann eine Aussagekraft zuerkannt, wenn sie auf eindeutigen Werten basieren.

Ziel der morphologischen Analyse ist es herauszuarbeiten, ob sich einerseits Präferenzen für die jeweilige Untersuchungsgruppe ergeben und ob sich andererseits übergreifende Präferenzen zwischen den verschiedenen Untersuchungsgruppen abzeichnen. Im Rahmen der Analyse der mit Hilfe von italienischen Suffixen abgeleiteten Produktnamen soll zusätzlich erarbeitet werden, welche Funktion die Suffixe in der Ausgangssprache haben und welche Funktion ihnen in der Verwendung als kommerzielle Suffixe zukommt. Diskutiert wird in diesem Zusammenhang die Rolle der sog. Phonästheme.

Dabei wird zu untersuchen sein, wie kreativ oder innovativ Produktnamen im Hinblick auf Ableitungsprozesse sind, ob sie die „Zwänge" der Wortbildungsregeln der Standardsprache erweitern, unterlaufen oder ob sie sich nicht doch in deren Rahmen bewegen.

Darüber hinaus wird es um phonologische Eigenschaften der Produktnamen gehen. Im Rahmen einer Untersuchung der Lautstruktur soll herausgearbeitet werden, ob bestimmte Vokale oder Konsonanten bevorzugt in die Produktnamenbildung eingehen und ob z.B. gleiche oder unterschiedliche Präferenzen für den Wortanfang oder das Wortende erkennbar sind. Auch hier werden die Präferenzen rechnerisch ermittelt und in Balkendiagrammen dargestellt. Auf diese Weise können Erscheinungsformen und strukturelle Eigenschaften transparent gemacht werden. Darüber hinaus bietet dieses Verfahren die Möglichkeit, Vergleiche zwischen den einzelnen Datenmengen vorzunehmen. Über die formale Analyse hinaus soll der Versuch unternommen werden, anhand exemplarischer Untersuchungen aus dem Datenmaterial der abgeleiteten Produktnamen und der Kurzwörter die sprachlichen Präferenzen mit Hilfe von Beschränkungen zu erklären, die von der Optimalitätstheorie (OT) ermittelt wurden. Die Optimalitätstheorie scheint für den genannten Untersuchungsaspekt besonders geeignet zu sein, da sich mit Hilfe der phonologisch und prosodisch ausgerichteten Beschränkungen erklären lässt, warum eine bestimmte Lautform eine andere dominiert.

So kann die OT-Analyse dazu beitragen zu klären, warum ein bestimmter Produktname realisiert wurde, stellt sie doch einen Untersuchungsansatz dar, anhand dessen sich erläutern lässt, warum statt der möglichen Produktnamen wie z.B. *Milchka, Mika* oder *Milao* der Produktname *Milka* die tatsächlich realisierte Form ist. Die Analyse kann z.B. belegen, warum die Kontaktstelle der Konstituenten bei Wortkürzungen gegenüber anders lautenden Argumentationen doch lautlich determiniert ist.[3]

Die wesentlichsten Fragestellungen sind so den morphologischen und phonologischen Charakteristika von Produktnamen gewidmet.

## 1.3 Erläuterungen zum Begriff Produktname

### 1.3.1 Terminologische Grundlagen

Im Gegensatz zum Begriff der „Marke", der 1. sowohl das Produkt an sich, 2. die Produktnamenbenennung, also den Produktnamen, 3. die graphische Umsetzung, das Layout (das Logo) umfasst und als solcher begrifflich und rechtlich fixiert ist (Fezer 1997:119), divergieren die Benennungen für Waren, die überregional und industriell hergestellt werden, erheblich, was für den deutschsprachigen Raum kurz skizziert werden soll:

Neben dem Begriff *Markenname* (Sialm-Bossard 1976, Voigt 1982, 1985, Lötscher 1992) wird auch von *Markenartikelname* (Schuhmacher 1969, Kalverkämper 1978), *Produktname* (Hakkareinen 1977, Römer 1976, *Produktename*

3 Kemmerling-Schoeps greift ebenfalls die Frage nach möglichen Realisierungen eines Produktnamens auf, argumentiert aber dahingehend, dass neben *Milka* eben auch Formen wie *Milchka, Mika* oder *Milao* möglich sind. Die Kontaktstelle zwischen den Konstituenten ist ihrer Meinung nach „nicht lautlich determiniert" (Kemmerling-Schoeps 2001:124).

(Lötscher 1992) und *Warenname* (Gläser 1978, 1996, Koß 1996, Bastian 1996) gesprochen.

Die begriffliche Vielfalt ist einerseits terminologischer Ungenauigkeit geschuldet, andererseits liegt sie im Untersuchungsgegenstand selbst, der je nach Untersuchungsperspektive betriebswirtschaftlicher, juristischer und nicht zuletzt linguistischer Natur sein kann. Die Einflussfaktoren der Rechtslehre, der Betriebswirtschaft und des Marketings tragen, so Gabriel (2003:27), zu der begrifflichen Unschärfe bei. So zielt die Verwendung des Begriffs „Markenname" statt Produkt- oder Warenname auf die zugrunde liegende juristische Definition, die dem Begriff eine klar umgrenzte Bedeutung zuweist, d.h. der Begriff Markenname wird unter juristischem Aspekt auf jene Erzeugnisse angewandt, für die dem Markeninhaber ein „subjektives Ausschließlichkeitsrecht" zuerkannt wird (Fezer 1997:64).

Für die terminologische Ungenauigkeit können zwei Gründe angeführt werden: Zum einen der in der Alltagssprache synonyme terminologische Gebrauch von „Markenname" und „Produktname", der die entsprechende Vorstellung beim Konsumenten für beide Terminologien voraussetzt (Herstatt 1985:25).[4]

Zum anderen führte das Interesse an Markennamen im Rahmen linguistischer Teildisziplinen, wie etwa der Onomastik, zu neuen terminologischen Erweiterungen. Dies schlägt sich z.B. in der Arbeit von Platen nieder. Ausgehend von der Kategorie der „Ergonyme", unter der die heterogene Klasse von Objektnamen subsumiert wird, und mit Blick auf den kommerziellen Charakter der Produktbezeichnungen schlägt er den Terminus „Ökonym" vor (Platen 1997:14). Auf eine terminologische Differenzierung zwischen Markenname und Produktname verzichtet er bewusst oder greift nur in Einzelfällen darauf zurück.

Die für den Rahmen dieser Arbeit verwendete Terminologie bezieht sich auf den Ansatz von Platen (1997), d.h. es werden methodologisch nicht nur primär aus juristischer Sicht benannte „Markennamen" untersucht, sondern auch Produktbezeichnungen, die branchenübergreifend als Mehrfachbenennungen vorkommen können und denen der juristische Status des Markennamens nicht zuerkannt wird.

Genauer gesagt gehen in die Untersuchung auch Produktnamen ein, die keine Markennamenfunktion aus juristischer Sicht erfüllen, die sich jedoch aufgrund sprachlicher Merkmale von rein appellativischen Benennungen absetzen und

---

4 In diesem Zusammenhang weist Herstatt darauf hin, dass die bewusste begriffliche Verwendung von *Produktname* oder *Markenname* darauf zurückzuführen ist, dass der Verbraucher mit dem Begriff *Markenname* im Gegensatz zu *Produktname* ganz bestimmte produktspezifische Vorstellungen verbindet, beispielsweise höhere Qualität oder höheres Prestige (Herstatt 1985:25).

somit in ihrer Nominationsfunktion für den Rezipienten eine Markennamen ähnliche Funktion erfüllen. Da in die vorliegende Arbeit auch juristisch nicht geschützte Produktnamen eingehen, wird der Oberbegriff *Produktname* für alle Bezeichnungen gewählt.

### 1.3.2 Der linguistische Status der Produktnamen

Unter onomastischem Aspekt zählen Produktnamen zu der Kategorie der Objektnamen bzw. „Ergonyme" (zu gr. *ergon:* Werk, Erzeugnis), unter die Namen künstlich (industriell) geschaffener Erzeugnisse zählen. Synonym dazu wird in der onomastischen Literatur auch der Begriff „Chrematonym" verwendet (zu gr. *chremata*: Güter, Waren), unter denen Waren- und Produktnamen eine bestimmten Teilbereich ausmachen. Ein neuerer Ansatz zur Definition der Produktnamen stammt von Platen (1997). Er schlägt, wie bereits erwähnt, den Begriff „Ökonym" für jene „kommerziellen Ergonyme" vor, also für Waren, die mit dem Anspruch gleichbleibender Qualität überregional vertrieben werden (Platen 1997:14). Der Begriff vereint dabei sowohl Marken- als auch Produktnamen.

Inwieweit Produktnamen nun eher den Eigennamen oder den Appellativa zugeordnet werden können, darüber gehen die Meinungen auseinander, und nicht wenige Ansätze ziehen eine Intermediärstellung der Produktnamen zwischen Eigenamen und Appellativa vor. Nach Römer (1976:239) sind „Produktnamen (...) weder reine Eigennamen noch bloße Gattungsbezeichnungen" und auch für Gläser (1973:220) sind Produktnamen „sowohl Appellativum (...) als auch eine propriale Bezeichnung für einen Warentyp mit unverwechselbaren Eigenschaften." Mit dem Argument, dass Produktnamen sowohl individuierende als auch verallgemeinernde Funktion haben, sind Markennamen auch für Schippan „eine Klasse von Appellativen, die jedoch propriale Eigenschaften besitzt" (Schippan 1989:50). Appellative sind sie insofern, so Schippan, als sie „verallgemeinernde Funktion" haben, einen Typ definieren und nicht ein einzelnes Exemplar.

Gutknecht/Wehking (1985) dagegen lösen sich in ihrer Definition von der Dichotomie „Eigenname/Appellativ" und sehen Produktnamen eher als „eigenständige, linguistische Kategorie" (Gutknecht/Wehking 1985:87). Aufgrund der zweidimensionalen Funktion der Produktnamen, die sich einerseits in ihrer Proprialität und damit unterscheidenden Funktion, andererseits in deren massenhaftem bzw. serialem Erscheinen äußert, schlägt Šramek vor, Produktnamen als eine „spezielle Eigennamen-Klasse" zu untersuchen (Šramek 1996:156f).

Die Schwierigkeiten beim Versuch einer sprachwissenschaftlichen Untersuchung von Produktnamen sind nicht zuletzt in ihrer onymischen Funktion begründet. Hinsichtlich ihrer referentiellen Leistung bzw. onymischen Funktion stellen Produktnamen im System der Propria eine Besonderheit dar. Das Proprium, mit dem Lebewesen oder Dinge individuell bezeichnet werden, definiert sich über einen einzigen Referenten, wobei es sich i. A. um eine „Eins-zu-Eins-Zuordnung" handelt. Eigennamen bezeichnen – so lautet zumindest die Grundthese zu Eigennamen – genau ein Individuum bzw. sie dienen dazu, einen Gegenstand oder eine Person zu identifizieren. Dabei sind nur die wenigsten Eigennamen monoreferentiell, wie ein Blick in das Telefonbuch zeigt.

Der Produktname zeichnet sich dagegen durch eine doppelte onymische Funktion aus: Bezogen auf das Produkt ist er einerseits monoreferentiell, andererseits referiert er auf jedes einzelne, beliebig produzierbare Exemplar seiner Gattung oder eine ganze Produktpalette, die durch identische Merkmale hinsichtlich Qualität und Aufmachung gekennzeichnet ist. Der Unterschied des Propriums zum Produktnamen zeigt sich auch darin, dass die Referenz auf Güter beschränkt bleibt und – wie bereits erwähnt – eine ganze Klasse eines Warentyps bezeichnet, so dass man von „typisierender Referenz" sprechen kann, die der kommunikativen Leistung von Appellativa nahesteht; und zwar insofern, als Appellativa Denotate bezeichnen, die sich durch gemeinsame Merkmale auszeichnen, anhand derer sie in einer Klasse vereinigt werden können.

Eine Besonderheit des Produktnamens besteht darin, dass er per Gesetz Eigenname ist, dieser aber jedem Produkt einer ganzen Warengattung zukommt.

### 1.3.3 Produktnamen als Appellativa mit proprialen Eigenschaften

Als ein wesentliches Merkmal der Produktnamen wurde ihre Unterscheidungsfunktion genannt, die der Funktion von Namen vergleichbar ist. Die Nähe zu Eigennamen ist demnach insofern gegeben, als sie wie diese auf einen Namensgebungsakt zurückgehen, der zudem rechtlich geschützt ist.

So wie Eigennamen Personen Individualität verleihen, so individualisiert der Produktname ein bestimmtes Produkt auf dem Warenmarkt, wobei gleichbleibendes Label, Verpackung und Etikettierung den Produktnamen zusätzlich stützen.

Genau das unterscheidet ihn von reinen Gattungsbegriffen; der Produktname *Jacobs Krönung* zielt darauf ab, dass er etwas anderes ist als nur „Kaffee".

Nicht zuletzt sorgen die Werbeslogans dafür, dass das Markenprodukt personifiziert wird, als „agentives Subjekt" auftritt und als solches im Bewusstsein der Verbraucher bleibt: *„Odol gibt sympathischen Atem"* oder *„Rexona lässt Sie nicht im Stich"*.

Im Hinblick auf die referentielle Leistung des Produktnamens erscheint es problematisch, ihm uneingeschränkt den Eigennamenstatus zuzuweisen, referiert der Produktname doch nicht, wie bereits erwähnt, auf einzelne Artefakte, sondern auf beliebig reproduzierbare Exemplare seiner Art und durch die gezielte Namensgebung werde „die Tatsache verschleiert, dass das Produkt, das er abbildet, (...) eines unter Tausenden ist“ (Flader 1973:87).

## 1.3.4 Produktnamen in appellativischer Funktion

Als gesetzlich geschützte Zeichen können Produktnamen im Laufe der Zeit ihre Individualität (ihre Schutzfähigkeit) einbüßen und als Gattungsnamen gebraucht werden. Sie vertreten nicht mehr das jeweilige Produkt, sondern werden zur generischen Bezeichnung (Platen 1997:122). Ein solches – aus gewerblicher Sicht – unerwünschtes Herabsinken der Unterscheidungskraft der Produktnamen markiert den Übergang von der proprialen zur appellativischen Funktion, der paradoxerweise immer dann gegeben ist, je stärker die Marke den Markt beherrscht. Das heißt, mit steigendem Bekanntheitsgrad wächst auch die „Verwässerungsgefahr“ (Kalverkämper 1987:379), die immer mit einem Verlust der Unterscheidungsfunktion des Produktnamens verbunden ist. Sprachliche Verwendung und Werbeintention stehen sich diametral gegenüber, denn der wirtschaftliche Erfolg bahnt dem Übergang vom Proprium zum Appellativ quasi den Weg. Geht die Zeichenfunktion ganz verloren, so prägt sich der Markenname als Gattungsbegriff ein, ein Prozess, der während der ganzen Kreationsgeschichte wettbewerblicher Produkte zu beobachten ist (Stoll 1999:269).

Tritt zu manchen Produktnamen noch das „dazugehörige“ Appellativ wie bei *Leitz*-Ordner oder *Weck*-Glas, so ersetzt vielfach der Produktname den Gattungsbegriff wie z.B. *Jeep* als Begriff für einen Geländewagen oder *Aspirin* für Schmerztablette.

Die bereits vorhandenen Appellativa werden dabei im Sprachgebrauch z. T. gänzlich verdrängt und treten nicht mehr in Verbindung mit dem Proprium auf: Der Konsument spricht dann von *Tempo* statt von Papiertaschentuch, von *Knirps* statt von Faltregenschirm, von *Uhu* statt von Klebstoff, von *Tipp-ex* statt von Korrekturflüssigkeit, von *Labello* statt von Lippenpflegestift.

## 1.3.5 Kommerzielle Deonomastik

Derartige Übergänge vom proprialen zum appellativen Gebrauch bei Produktnamen wurden – deutlich wertend – als „Gefahr der Degenerierung“ (Raible 1968:500) gesehen, eine Deutung, die mit Blick auf die wettbewerbliche Funktion des einzelnen Produkts ihre Rechtfertigung haben mag. Sprachwissenschaftlich angemessener ist es dagegen, diese Übergänge als „Transpositionsübergänge" zu bezeichnen (Kalverkämper 1978:382), die sich aufgrund sprachlicher Notwendigkeit vollziehen und linguistisch und pragmatisch motiviert sind. Über den Sprachgebrauch bzw. den geschäftlichen Verkehr ist das Proprium in der Funktion eines Appellativs in den Sprachgebrauch eingegangen. Weitere Beispiele finden sich bei Platen (1997:123), der neben Genre-Klassikern wie *Aspirin* und *Cellophan* noch andere Beispiele für diese Form der „kommerziellen" Deonomastik anführt.

Der Endpunkt dieser sich im Sprachgebrauch vollziehenden Entwicklung ist dann erreicht, wenn der Eigenname vollständig aus dem Bewusstsein der Sprecher verschwunden ist. So handelt es sich bei dem Begriff *Fön* für Haartrockner ursprünglich um ein eingetragenes Warenzeichen und nicht um eine Gattungsbezeichnung, was kaum jemandem bewusst sein dürfte. Der Verlust der proprialen Funktion hat dazu geführt, dass dem ehemaligen Produktnamen die Schutzfähigkeit gerichtlich abgesprochen wurde (Lötscher 1992:335).

Für die Gründe, die dazu geführt haben, dass sich das Proprium zum Appellativ entwickelt hat – so wird z.B. der Markenname *Tempo* sprachlich undifferenziert auf alle Papiertaschentücher übertragen – sind sicher phonologische und morphologische Aspekte der Markennamen verantwortlich. So sieht Kalverkämper die Faktoren, die zur Übernahme der Produktnamen ins lexikalische System geführt haben, darin, dass die den Produktnamen zugrunde liegenden Appellative sich durch „höhere Silbenzahl, komplexere Kompositabildung und mehr Akzentsetzung usw…" auszeichnen. Der Sprachbenutzer wählt daher lieber den sprachlich ökonomischeren Weg: So fällt es leichter, *Aspirin* statt Kopfschmerztablette auszusprechen, *Tipp- ex* statt Korrekturflüssigkeit usw. (Kalverkämper 1978:383).

Sprachökonomische Gründe allein sind jedoch keine ausreichende Erklärung für den Übergang vom Eigennamen zum Gattungsbegriff.

Ein mehr oder weniger förderlicher Faktor für diese Integration ist sicher einerseits der Bekanntheitsgrad des Markenprodukts und die verschiedenen Grade seiner Disponibilität. Lexikalisiert werden vor allem die Markennamen, die in der Alltagskommunikation häufig thematisiert werden (Platen 1997:125). Und nicht zuletzt trägt die Werbung durch den Konditionierungseffekt der „hämmernden Wiederholung" (Schenk 1997:92) dazu bei, dass sich der Markenname leicht einprägt. Die Werbebotschaft vollzieht sich nicht selten über eine plakative Abgrenzung zu dem zugrunde liegenden Appellativ, dem aus Werbezwecken mitunter jeglicher Qualitätsanspruch abgesprochen wird, da werberechtlich

Verweise auf die mangelnde Qualität eines vergleichbaren Markenprodukts nicht erlaubt sind.[5]

Hat sich der Produktname durchgesetzt, kann er an die Stelle des Gattungsnamens treten. Der Verlust des proprialen Status ist somit dann erreicht, wenn er selbstständiges Lexem geworden ist, das dann auch an Wortbildungsprozessen teilnehmen kann.[6] Dies trifft z.B. auf das Verb *fönen* zu, dem der ehemals geschützte Markenname *Fön* zugrunde liegt. Ebenso ist *weck* in *einwecken* eigenständiges Morphem geworden, dessen Ursprung als Markenname kaum jemandem bewusst ist. In diesem Fall hat sich eine vollständige Lexikalisierung vollzogen, deren Endpunkt der diasystematische Eintrag ins Wörterbuch markiert. Dass sich die Werbung selbst des drohenden Verlustes der sprachlichen Distinktivität und dem Absinken zur generischen Bezeichnung bewusst ist und diesem sprachlich energisch entgegenzutreten weiß, belegen verschiedene ältere Werbespots:

> *„Camembert heißen sie alle, aber nur einer schmeckt wie RAMEE"*
> *„Nenn nie Chiquita nur Banane!"* (Voigt 1982:206).

Produktnamen oszillieren ihrem Status nach ganz offensichtlich zwischen Eigennamen und Appellativ; als „noms propres de type" (Botton/Cegarra 1990) tragen sie sowohl Züge von Eigennamen als auch von Appellativen. Die Beschreibung der Produktnamen als „Appellativa eigener Art" (Römer 1976:54) erfährt ihre Rechtfertigung insofern, als Produktnamen hinsichtlich ihrer referentiellen Leistung sowohl Charakteristika von Eigennamen und – in Abhängigkeit vom syntaktischen Kontext – auch Merkmale von Appellativen aufweisen. Ähnlich wie Eigennamen geben sie auf die Frage „Was ist das?" keine befriedigende Antwort und zeichnen sich wie Propria nicht durch eine „Was-Bestimmtheit" aus. Den Appellativa stehen sie insofern nahe, als sie wie diese eine verallgemeinernde Funktion erfüllen und Denotate einer bestimmten Klasse vereinigen.

Zu Recht wurde angenommen, dass die syntaktische Nähe der Produktnamen zum Gattungsbegriff vor allem bei stark marktbeherrschenden Namen gegeben ist (Voigt 1982:209). Ist der Produktname zum Synonym für den zugrunde liegenden Gattungsbegriff geworden oder hat er ihn sogar ersetzt, rückt er semantisch in

---

5 vgl. z.B. den Werbespot zu dem Geschirrspülmittel *Palmolive:* „Sie baden gerade Ihre Hände darin. – In Geschirrspülmittel? – Nein, in *Palmolive.*"

6 Streng genommen dürfen Markennamen weder dekliniert noch konjugiert werden. Dennoch macht sich die Werbung konjugierte Formen in Werbeslogans gelegentlich zunutze, deren wortspielerische Absicht wohl mehr dem emotionalen Mehrwert des Produkts geschuldet sein dürfte als dem Gebrauchswert: *Flensburger- das flenst; Heute schon geschweppt.*

die Nähe von Appellativen, indem er wie diese eine verallgemeinernde Funktion erfüllt und Denotate einer bestimmten Klasse vereint. Der Konkurrenzkampf der Produkte auf dem Markt wird grammatisch gleichsam zu einem „Kampf" um das standardsprachliche Substantiv (Eisenberg 1981:97) und erfährt nur dann seine Grenzen, wo der Produktname indifferent auf Konkurrenzprodukte übertragen wird.

## 1.3.6 Der semantische Gehalt von Produktnamen

Produktnamen besitzen hinsichtlich ihrer semantischen Leistung und ihres syntaktischen Verhaltens sowohl Eigennamen- als auch Appellativcharakter. Bezogen auf ihren semantischen Gehalt lassen sich Produktnamen innerhalb einer Skala einordnen, die Differenzierungen zwischen den Endpunkten *semantisch leere Referenz* (Eigenname) und *semantisch gefüllte Bezeichnung* (Appellativ) zulässt (Stoll 1997:114). Produktnamen bilden „Musterbeispiele für den fließenden Übergang zwischen beiden Polen" (Stoll 1997:114):

Knusperriegel Antikal Fa
transparent ------------------------------------------------------------------------> opak

Semantisch leer wäre eine opake Form wie *Fa* oder *Kiri,* im Gegensatz zu einer transparenten Form wie *Gardinenwasch* oder *Knusperriegel,* die standardsprachliche Morpheme enthalten.[7] Morphologische Transparenz liegt dann vor, wenn den Morphemen eine Bedeutung zugewiesen werden kann.

Semitransparenz liegt z.B. in einer gekürzten Form wie *Anti**kal*** vor. Während das erste Morphem „Anti" transparent ist, ist das zweite gekürzte Morphem im Grunde nur noch über die Kontextinformation des Produkts, in diesem Fall ein flüssiges Scheuermittel, oder durch graphische Zusätze zu erschließen. Die Frage danach, ob ein Produktname transparent ist oder opak, lässt sich nur im Einzelfall prüfen, zumal unterschiedliche Kürzungen am Morpheminventar oder die Verwendung von Fremdsuffixen auch unterschiedliche Grade von Motiviertheit nach sich ziehen. Nicht zuletzt ist eine Bedingung für die Transparenz von Markennamen das

---

7 Eine sehr differenzierte Typologisierung der Markennamen im Hinblick auf ihre Motiviertheit sowie die Methoden zur Bildung von Markennamen jenseits der Wortbildung findet sich bei E. Ronneberger-Sibold (1998) „*Wortschöpfung im Deutschen*".

sprachliche Wissen, d.h. Fremdsprachenkenntnisse, aber auch Fachwissen. Es stellt sich nun die Frage, welche Bedeutungsfunktionen sich auf morphologischer Ebene unterscheiden lassen und ob bestimmten Produktnamenmorphemen eine Charakterisierungsleistung zuerkannt werden kann. Für eine morphologische Betrachtung wäre zu fragen, ob es sich bei den eingehenden Wortbildungselementen um „echte" morphologische Strukturen handelt, und wenn dies nicht der Fall ist, wie diese Strukturen zu bewerten sind, für die der Morphemstatus nach Wortbildungsregeln problematisch wird und zur Beschreibung der Produktnamen nicht mehr ausreicht.

Die Analyse nach Wortbildungsmustern gestaltet sich auf morphologischer Ebene insofern problematisch, da Produktnamen häufig nicht nach Wortbildungsregeln gebildet werden, sondern häufig kreative, freie Wortschöpfungen sind. Die in die Markennamengebung eingehenden Elemente liegen oft unterhalb der Morphemgrenze bis zu einzelnen Phonemen und Graphemen, die scheinbar willkürlich miteinander kombiniert werden. Dass bei der Produktnamenbildung die traditionellen Wortbildungsregeln z. T. unterlaufen werden, wurde bereits früh erkannt. Da die Begriffe der Wortbildungslehre „nur beschränkt verwendet werden können" schlägt Sialm-Bossard den Begriff der „Namenkonstruktion" vor (Sialm-Bossard 1976:274).[8]

Mit dem Verweis auf ihren geringen semantischen Gehalt differenziert Praninskas anhand einer Analyse von 2000 amerikanischen Produktnamen sog. „commercial suffixes", die nur dort vorkommen, von „common suffixes", den kleinsten bedeutungstragenden Elementen der Standardsprache (Praninskas 1986:44).

Den problematischen Begriff des Morphems in der Produktnamenbildung sieht Praninskas auch und trägt dem Rechnung, indem er mit dem Begriff „commercial suffixes" ganz bewusst auf den Morphembegriff verzichtet und so auf die „Modifizierung" der Morpheme in Form von Kürzungs- und Kombinationstechniken verweist. Bestimmte Endungen entbehren, so Praninskas, jeden semantischen Gehalts, und dienen nur noch dazu zu signalisieren: „This is a product for sale" (Praninskas 1986:44).[9]

---

8 Als Beispiel führt er das aus lat. „lana" gekürzte Element „lan" an, das nur in Markenamen als Präfix vorkomme, so z.B. in *Lancola, Lanitat, Lansil,* in der Standardsprache aber nicht bekannt sei. Vielen Formativen der Markennamen komme infolge des Fehlens einer begrifflichen Information nur noch die Funktion zu, eine produktspezifische Identifikationshilfe zu sein (Sialm-Bossard 1976:274).

9 Als Formative dieser Art nennt Praninskas z.B. Suffixe wie *-an, -ax, -el, -ex* und das häufig verwendete *-in,* das in Markennamen wie *Aspirin, Alpecin* oder *Backin* anzutreffen ist und keine produktspezifische Verweisfunktion hat.

# 2. Funktionen des Produktnamens

## 2.1 Distinktion

Der Produktname als der verbalisierte Teil eines Produktimages übernimmt eine zentrale Kommunikationsfunktion:

Er dient als „Rufname“ für das Produkt (Langner 2003:29), positioniert es innerhalb des Marktes und macht es so für den Konsumenten kommunizierbar. Der Produktname individualisiert nicht nur das Produkt, er trägt auch zum Imageaufbau und Bekanntheitsgrad des zu benennenden Produkts maßgeblich bei. Innerhalb der Kommunikationsparameter eines Produkts wie Schriftzug, Verpackung und Design stellt der Produktname die alleinige Konstante im Marktgeschehen dar. Insofern ist ein einmal gewählter Produktname der unflexibelste Faktor im Marketingmix; ihn zu ändern käme einer Änderung der Markenidentität gleich (Gotta 1988:17).

Grundlegendste Funktion eines Produktnamens, wie auch jeder Namensgebung allgemein, ist die Unterscheidungsfunktion, denn nur wenn er sich von Produktnamen anderer Hersteller unterscheidet, eignet er sich zur Benennung; nur Produktnamen, denen es gelingt, aus der Vielzahl anderer unterschieden zu werden und sich von bereits bestehenden Namensgebungen abzusetzen, sind erfolgreich.

Auf rechtlicher Ebene kommt bei Markennamen – im Gegensatz zu Produktnamen – zur Distinktion die rechtlich abgesicherte Schutzfähigkeit hinzu. Was Markennamen von allen anderen Namen oder Wortarten unterscheidet, ist ihre Verbindung mit dem Rechtswesen, denn alle Warenzeichen sind als Marken oder *trade marks* durch Eintrag in die Warenzeichenrolle gesetzlich geschützt.

Verschärft wird dieser rechtliche Aspekt dadurch, dass in einer Warengruppe der jeweilige Name nur einmal vorkommen darf; Mehrfachbenennungen – also Synonyme – sind nur warenübergreifend möglich. Die Namensgebung unterliegt dabei gewissen Einschränkungen: Geschützt werden können nur Namen, die keine reinen Beschaffenheitsangaben enthalten, nicht unmittelbar deskriptiv Auskunft über die Eigenschaft des Produkts geben oder reine Generika sind und keine geographischen Begriffe wie *Saga* (Stadt in Japan) enthalten. Nicht möglich sind weiterhin Buchstabenkombinationen, es sei denn, sie sind individuell gestaltet wie in *KaDeWe*. Nicht schutzfähig sind beschreibende Namen, die Angaben zu Art, Zeit und Ort enthalten wie *Thüringer Bratwurst* oder *Jubiläumssekt,* zur Beschaffenheit (Schokoladenrosinen) wie auch Angaben zu Preis, Menge und Gewicht eines Produkts (Groschenillustrierte, Piccola) (Latour 1992:144).

Ein einmal geschützter Produktname ist für die Dauer von zehn Jahren abgesichert, sein Status kann für weitere zehn Jahre verlängert werden (Latour 1992:144).

Darüber hinaus ist die Verwendung staatlicher Hoheitszeichen oder Ärgernis und Täuschung erregender Zeichen, Zahlen oder Buchstaben untersagt (Fezer 1997:320). Den rechtlichen Schutz kann ein Name jedoch dann verlieren, wenn er aufgrund seiner Verbreitung nicht mehr als geschütztes Warenzeichen erkannt und undifferenziert auf ähnliche Produkte seiner Art übertragen wird (hierzu Lötscher 1997:335), ein Phänomen, das gleichsam eine Lexikalisierung von Markennamen darstellt und sich länderübergreifend vollzieht. Dies trifft z.B. auf das Wort *Fön* zu, das einmal geschütztes Warenzeichen war und an die Stelle des zugrunde liegenden Gattungsbegriffs „Haartrockner" getreten ist, wie auch auf engl./am. *Jeep* als allgemeine Bezeichnung für einen Geländewagen, *Aspirin* für „Schmerztablette" und *Nylon* für „Kunstfaser".

Im Sprecherbewusstsein werden sie als geschützte Warenbezeichnungen nicht mehr wahrgenommen und nehmen einen festen Platz in der appellativischen Lexik ein.

Absatzwirtschaftlich ist das zweifellos ein Desaster, denn der Markenname büßt seine Unterscheidungsfunktion ein, kann dieses Phänomen unter linguistischem Gesichtspunkt als nicht unerhebliche Wortschatzerweiterung angesehen werden, die mit dem Eintrag im Wörterbuch ihre Bestätigung erfährt.

## 2.2 Werbe- und Appellfunktion

Mit Blick auf die wettbewerbliche Funktion muss der Produktname in erster Linie für ein bestimmtes Nutz- bzw. Gebrauchswertversprechen einstehen. Das heißt, dass bei der Namensentwicklung zunächst die rationalen Produkteigenschaften im Vordergrund stehen, zumindest bei der Kreation der Haupt- oder Dachmarke (Kircher 2001:484).

Darüber hinaus sollte der Produktname über seine Grundfunktion des Benennens positive Assoziationen auslösen und in der Lage sein, über seinen Namen „ein eigenständiges Produktimage gegenüber Konkurrenzprodukten aufzubauen" (Kohli, LaBahn, Thakor 2001:453).

Das heißt, Produktnamen kommt auf der Ebene der Produktkommunikation ein nicht unerheblicher Anteil am Aufbau des Firmenimages zu, und dies vor allem deshalb, weil sich die Produktkommunikation zwischen Hersteller und Konsumenten im Grunde nur auf der Ebene des Namens vollzieht. Als Träger positiver Wertvorstellungen, die durch entsprechende Werbekampagnen strategisch unterstützt werden, ist der Produktname auch ein Symbol unternehmerischer Leistung (Treis/Schönenberg 1997:227, Gabriel 2003:34).[10]

Der Produktname ist dabei weder nur „fachsprachliche Kennung noch gemeinsprachliche Gattungsbeschreibung, sondern ein wesentliches Moment fachexterner verteilersprachlicher Kommunikation" (Platen 1997:12), dem in der Konsumationssphäre eine appellhafte und damit auch eine pragmatische Funktion zuteil wird.

Mit seinem „guten Namen" bürgt er für den möglichst hohen Qualitätsstandard des zu benennenden Produkts und motiviert den Konsumenten zum Kauf. Insofern transportiert der Produktname auch ein emotionales Angebot, ein Aspekt, der im Rahmen einer verhaltens- bzw. imageorientierten Markenführung, die sich ab Mitte der 70er bis Ende der 80er Jahre abzeichnete, an Bedeutung gewann (Meffert/Burmann 1997:54).[11] Der Verbraucher kauft nicht nur Jeans, sondern *Levis,* kauft nicht Margarine, sondern *Becel* und trinkt nicht Mineralwasser, sondern *Vittel.* Empirische Tests konnten die Bedeutung des Produktnamens im Marktgeschehen belegen:

Eine Befragung von 1000 Hausfrauen Mitte der 70er Jahre in Großbritannien ergab, dass das gewünschte Produkt in 48% der Fälle über den Namen identifiziert wurde; Farbe (22%), Form (6%) und Design (6%) spielten eine deutlich untergeordnete Rolle (s. Platen 1997:162).

Eine andere Untersuchung ergab, dass die Zustimmung für die Cornflakes von Kellogg's von 47% auf 59% anstieg, als der Name des Produkts genannt wurde (Esch 2001:454). Noch aussagekräftiger ist das Ergebnis einer Befragung von Managern, von denen 60% der Meinung waren, dass der Produktname ohne Unterstützung von Werbung den Kauf von Waren beeinflussen könne (Kohli/LaBahn 1997). Ein weiterer Aspekt stützt die Differenzierungsbedeutung und Werbefunktion des Produktnamens:

---

10 Gabriel verlängert die Bedeutung des Markennamens sogar dahingehend, dass von der Konsumentenseite aus über die Kreativität eines Namens auf Innovation und Einfallsreichtum des Unternehmens geschlossen werden könnte. So könnten Technizismen in Produktnamen auf einen hohen technischen Standard schließen lassen, Anglizismen dagegen auf eine internationale Ausrichtung (Gabriel 2003:34).

11 Dass das Markenprodukt und Markenwerbung über eine rein funktionale Vermarktungsstrategie hinausgehen, bemerkte schon Alewell (1974) im „Handbuch der Absatzwirtschaft":

„Während ursprünglich die Gestaltung der Kommunikationsbeziehung nur ein Mittel war, um den Abnehmer über objektiv gegebene Produkteigenschaften und deren Nutzpotential (Dienste) zu informieren, sind in neuerer Zeit Ausgangspunkt und Ziel der Absatzstrategie primär die subjektiven Nutzenvorstellungen, Wunschbilder und Assoziationskomplexe, die im Bewußtsein der Konsumenten dem realen Produkt gegenüberstehen."

Auf den modernen Märkten werden qualitativ fast gleichwertige Produkte angeboten – bereits 1999 arbeiteten fast alle Branchen in Amerika, Japan und Westeuropa auf gesättigten Märkten (Langner 2003:9). Das heißt, die physischen und damit auch die qualitativen Eigenschaften von Produkten sind innerhalb einer Warengattung kaum gegeneinander abzugrenzen. Die einzige markante Differenzierung und die Schaffung von Eigenständigkeit kann allein der Produktname vermitteln. Der Produktname erfüllt insofern nicht nur eine Benennungsfunktion für das Produkt, sondern steht mit seinem Namen auch für dessen kommerziellen Mehrwert, für seinen symbolischen und emotionalen Zusatznutzen (Latour 1996:23). Er wird so zum Imageträger einer mehrdimensionalen Funktion und integriert in sich gleichermaßen eine Identifikations-, Qualitäts- und Werbefunktion.

## 2.3 Auffälligkeit

Soll ein Produktname werbende Funktion erfüllen, so muss er auffällig, wenn nicht originell sein und sich als „eye-catcher" von den sprachlichen Gegebenheiten des Normalwortschatzes unterscheiden: ein Aspekt der Produktnamenbildung, der eine Schnittstelle zwischen sprachlichen und rein pragmatischen Eigenschaften bildet.

Auffälligkeit oder Aufmerksamkeit wird über bestimmte sprachliche Strukturen auf lexikalischer, morphologischer, phonologischer und graphischer Ebene hervorgerufen.

### 2.3.1 Lexikalische Ebene

Auffälligkeiten auf lexikalischer Ebene können durch bewusst gewählte Wortfelder erfolgen, häufig mit fremdsprachlichen Anleihen, wobei neben Eigennamen vielfach bestimmte Wissensgebiete analogiebildend wirken und assoziativ verknüpft werden wie z.B. Sport (*Polo, Golf, Derby*/Automobilmarken), Musik (*Hohes C*/Fruchtsaft, *Prélude, Allegro, Accord*/Pkw) oder Mathematik (*Vectra*/ Pkw) (Platen 1997: 40).

Bei lexikalischen Übernahmen überwiegen kategorial Nomina, dennoch werden zur Namengebung auch andere Wortarten herangezogen (dazu auch Platen 1997:40). Verwendung finden Adjektive mit und ohne graphische Veränderung (*Royal, Charmin*), Partikeln (*Ja, Merci, Yes, Danke*), Zahlwörter (z.B. in Automarken: *Quattro, Cinquecento, Uno*) und Morpheme in von der Standardsprache abweichenden Morphemkonstruktionen: *Cremissimo* (Eis des Herstellers Langnese), *Fruchtissimo* (Joghurt von Danone).

### 2.3.2 Morphologische und phonologische Ebene

Auf morphologischer Ebene wird Auffälligkeit durch Ausnutzung gezielter morphologischer Normbrüche erzielt, etwa durch absichtliche Veränderungen morphologischer Strukturen im Anlaut (*Smild, Smett* oder *Qremor*), wobei hier die Schreibung des Anlauts insofern ungewöhnlich ist, weil sie mit dem Graphiesystem romanischer Sprachen kollidiert - *q(u)* + Liquid ist dort nicht möglich (cf. Platen 1997:46).

Auf phonologischer Ebene nutzen Produktnamen die peripheren Möglichkeiten des Phonemsystems, wobei sich hier Parallelen zu Eigennamen zeigen, insbesondere durch die Verwendung unabgeschwächter Vokale im Auslaut – z.B. *Wella, Schauma, Tuba* (Schuhmacher 1969:70). Der Normalwortschatz sieht hier als häufigsten Vokal den Schwa-Laut vor.

### 2.3.3 Orthographische Ebene

Produktnamen sind oft allein durch die Anwendung einer musterfremden Orthographie zu erkennen: *Dash* statt *Dasch*, *Coral* statt *Korall, Hakle Vlaush* statt *Hakle Flausch* oder auch *Sheba* (Katzenfutter), *Charmin* (Toilettenpapier), wobei *Charmin,* zumindest was die Endung betrifft, zusätzlich eine quasi phonetische Schreibweise aufweist, korrekt wäre *charming.*

Weitere Besonderheiten auf graphischer Ebene stellen standardsprachlich gesperrte Konsonantenverbindungen in Form von Verdopplungen dar, auffallend häufig in Verbindung mit dem Buchstaben *X,* so z.B. in *Exxon, Frumixx* (Trinkjoghurt von Danone), *Mexx, Xerox,* Citroën *Xsara,* Citroën *Xantia.*

Darüber hinaus wird, vor allem bei neueren Produktnamen, Auffälligkeit mithilfe diakritischer Zeichen erzielt, die dem jeweiligen Produkt zusätzlich Exklusivität verleihen. Häufig anzutreffen sind sie bei Parfums, die produktbedingt vielfach französische oder französisch klingende Namen tragen, so z.B. *Chloé* (Lagerfeld), *Poême* (Lancome), *ô* (Damenparfum; Lancome), aber auch in anderen Produktbereichen: *Fébrèze* (Geruchstilger), *Jogolé* (Trinkjoghurt), Milka *Luflée* (Luftschokolade). Umgekehrt kann auch die bewusste Auslassung diakritischer Zeichen Auffälligkeit erzielen, wie z.B. bei der Hautcrème *bebe* von Penaten.

Eigentümliche orthographische Abweichungen werden dabei mitunter auch durch eine quasi phonetische Schreibweise erreicht: *Tschisi,* ein Langnese-Eis in Käseform mit Löchern, statt „Cheesy", *BiFi* (Wurstsnack) statt „beefy", *Bebivita* (Babyhautcreme) statt *Babyvita, Pinats* statt „peanuts" (Pistazien der Firma Ültje) wie auch im Bereich der Automobilbranche der *Ford Streetka,* wobei nur die letzte Silbe in Anlehnung an die englische Aussprache in quasi phonetischer Schreibweise erscheint. Als Syntagma in phonetischer Schreibweise erscheint *Vileda* „wie Leder", wobei der Verfremdungseffekt zusätzlich durch „unkenntliche" Morphemgrenzen unterstützt wird.

Die Verwendung fremder bzw. normwidriger Konsonantenverbindungen verleiht Markennamen ein individuelles Erscheinungsbild. Was als Abweichungen auf der phonetischen Ebene jenen *distinctive sound* (Platen 1997:46) ausmacht, wird auf graphischer Ebene durch orthographische Abweichungen unterstützt.

Von seiner phonetischen Seite her muss der Produktname leicht auszusprechen sein, d.h. er muss durch eine relative Einfachheit gekennzeichnet, soll wohlklingend und akustisch verständlich sein. Ein Markenname muss vor allem auf gesättigten Märkten leicht memorierbar sein, d.h. sowohl „recognition" und „recall", also Wiedererkennen und Erinnern, sind von Bedeutung (Aaker 1991).

## 2.3.4 Internationalität

Markennamengebung ist nicht nur reine Namensgebung, sondern muss das gesellschaftlich-wettbewerbliche Netz in seinen verschiedenen und vielfältigen, z. T. stark divergierenden Funktionen in seiner Aktualität umfassen. Das heißt, es müssen sprachliche Strukturen gebildet werden, die ein sich ständig wechselndes Objektrepertoire benennen können. Insofern spiegeln sie einen sich stets aktualisierenden Benennungsbedarf wider, der linguistische, wettbewerbliche und auch kulturelle Gesichtspunkte in sich vereint.

Im Zeitalter einer wachsenden wirtschaftlichen und länderüberschreitenden Erweiterung müssen Produktnamen kreiert werden, die auch außerhalb der Landesgrenzen erfolgreich sind, da der Absatz von Markenprodukten nicht selten rund um die Erde erfolgt. Auf die Relevanz eines *global branding* weist schon Gotta hin (1988:17) und sieht die Zukunft der Produktnamen darin, auch internationalen sprachlichen Anforderungen genügen zu müssen. Die Produktnamenwahl erfordert mit Blick auf den internationalen Markt immer mehr sprachliche Grenzen zu überschreiten, und dies macht in erster Linie einen gewissen „linguistischen Weitblick" nötig (Platen 1997:156).

Als nicht unerhebliches Problem erweist sich dabei der Umstand, dass Produktnamen, auch wenn sie artifizielle Bezeichnungen darstellen, konventionalisierte Laut- und Buchstabenkombinationen sind, die in der einen Sprache mit teilhomonymen lexikalischen Einheiten einer anderen Sprache semantisch kollidieren und so ein nicht beabsichtigtes unerwünschtes Bedeutungspotential entfalten können; ein Phänomen, das als „business blunders" bezeichnet wird (Platen 1997:156). Als deutliche Beeinträchtigung erweisen sich solche sprachlichen Phänomene vor allem dann, wenn der entsprechende Name beim Markentransfer nicht nur eine andere, sondern auch eine vulgäre oder obszöne Bedeutung enthält, die der betreffenden Marke ein Negativimage verleiht und den Absatz beeinträchtigen kann.[12] Bei internationalen Produktnamen muss zudem beachtet werden, dass die unterschiedliche Aussprache auch Bedeutungsunterschiede hervorrufen kann: So bezeichnet der Markenname *Bosch* im Französischen ein Schimpfwort für Deutsche.

Der Trend in der Produktnamengebung in Richtung eines *global branding* deutete sich bereits Ende der 80er Jahre an (Gotta 1988:17) und geht perspektivisch in Richtung eines *naming worldwide* (Koß 1996:164). Die Pharmaindustrie trägt teilweise diesem Umstand Rechnung, indem z.B. Medikamente bei der Übernahme durch andere Hersteller so benannt werden, dass sie in 150 Ländern zumindest leichter auszusprechen sind. Zu Recht sieht Koß hier den Trend zur Internationalisierung bzw. zum *naming worldwide* umgesetzt.

---

12 So hatte der englische Hersteller Sunbeam deutliche Probleme auf dem deutschen Absatzmarkt mit seinem Lockenstab *Mist Stick,* und der *Rolls Royce Silver Mist* wurde ebenfalls für den Markt in *Silver Shadow* umgetauft. Beim Markentransfer des Chevrolet *Nova* nach Puerto Rico erwies sich dieser aufgrund der spanischen Bedeutung *no va = fährt nicht* als Ladenhüter und wurde in *Caribe* umgetauft (Platen 1997:156f.). Dass Umbenennungen auch bei erfolgreichen Produkten noch vorgenommen werden, mag auch der Keksriegel *Raider* belegen, der möglicherweise aufgrund der Bedeutung *raider=Plünderer* in *Twix* umbenannt wurde; werbestrategisch unterstützt durch den Werbeslogan *„Raider heißt jetzt Twix, sonst ändert sich nix*".

# 3. Morphologie und morphologische Prozesse

## 3.1 Zur Bedeutung fremdsprachlicher Anleihen im Rahmen der Produktonomastik

Die Präsenz fremdsprachlicher oder zumindest fremd klingender Namen für Produkte ist sicherlich kein Novum mehr, sondern eher eine „Konsumbanalität" (Platen 2000:244).

Viele Produktbereiche sind polyglott und werden zunehmend, vor allem im Hinblick auf ein „global branding", sprachlich so konzipiert, dass sie nicht nur inter- sondern auch supranational ohne sprachliche Divergenzen einsetzbar sind.[13] Die Bedeutung fremdsprachlicher Anleihen geht jedoch weit über absatzwirtschaftliche Aspekte hinaus.

Die Integration fremdsprachlicher Namen entfaltet ihre Relevanz an einer sprachlich-kulturellen „Kontaktstelle": Der Produktname wird gleichsam zur funktionalisierten „stilisierten Offerte" (Platen 1997:53) fremdsprachlicher Elemente, über die konventionalisierte oder klischeehafte positive länderspezifische Konnotationen vermittelt werden. Sprachlich entliehene Elemente werden so funktionalisiert und so eingesetzt, dass sie prestigehaltige Wertvorstellungen mit Appellcharakter transportieren.

Die Verwendung fremdsprachlicher Elemente wird keinesfalls beziehungslos verwendet, sondern basiert auf der sprecherbezogenen Kenntnis bestimmter länderspezifischer assoziativer Relationen, d.h. die Wirkung einer Fremdsprache wird mit den positiven assoziativen Konnotationen des jeweiligen Ursprungslandes funktionalisiert. Kollektiv bekannte länderspezifische Stereotype sind z.B. südländisches Flair und Lebensfreude, gemeinhin mit Italien assoziiert, Eleganz und Savoir-vivre mit Frankreich und Solidität und Präzision mit Deutschland. [14]

---

13 Unter absatzwirtschaftlichem Gesichtspunkt steht hier sicher die Vermeidung sog. „business blunders" im Vordergrund, d.h. die ungewollte semantische Verschiebung oder Fehlinterpretation eines Produktnamens für sprachlich verschiedene Absatzmärkte. Die sprachliche Gestaltung eines Produktnamens sollte so angelegt sein, dass sich auf lexikalischer, morphologischer und phonologischer Ebene keine unerwünschten Nebenbedeutungen ergeben, die den Absatz eines Produkts in anderen Ländern stark beeinträchtigen können. Zu „business blunders" ausführlich Platen (1997: 155ff).

14 Die Werbung unterstreicht Stereotype mit vielfältigen länderspezifischen Elementen der *civilisation*, sei es mit typischer Physiognomie (Schnauzbart, Baguette und

Produktnamen mit fremdem Element sind insofern nicht nur „sprachliche Requisite" (Haarmann 1984:205), sondern werden gleichsam zum „Schmelztiegel" prestigehaltiger Wertvorstellungen (Haarmann 1984: 205). Der gezielte Einsatz fremdsprachlicher Elemente, sog. *Xenismen,* basiert dabei auf der Kenntnis kollektiv bekannter Nationaltopoi, vermittelt über die jeweilige Sprache, für die der Produktname quasi zum „Gütesiegel" wird (Platen 1997:56). Bestimmte Eigenschaften ethnokultureller Stereotype stellen dabei historisch gewachsene und diachron stabile „Wertanker" dar, die nicht nur international, sondern auch marktwirtschaftlich globale Gültigkeiten besitzen.[15]

## 3.2 Xenismen

Häufige Verwendung in der Werbesprache und in der Produktnamenbildung finden die sog. Xenismen, nachgeahmte sprachliche Elemente, die auf fremde Sprachsysteme verweisen.

Xenismen sind Ausdruck von „(Pseudo-)Fremdheit" sprachlicher und mitunter auch nichtsprachlicher Phänomene. Auf sprachlicher Ebene kann die Fremdheit dabei phonologische, morphologische, lexikalische und syntaktische Aspekte betreffen:

„Beispiele für Xenismen sind im phonologischen Bereich Phänomene, die umgangssprachlich als ‚Akzent' beschrieben werden, im morphologischen Bereich zum Beispiel gelegentlich falscher Artikelgebrauch in einer Sprache wie dem Deutschen, im lexikalischen Bereich z.B. gelegentliche Wortstellungsabweichungen oder Inanspruchnahme von im System nicht realisierten Satzbauplänen (...)" (Ehlich 1986:51). Xenismen dieser Art sind Fremdheitssignale durch nichtmuttersprachliche Normverstöße.

In der Werbung hingegen beruhen Xenismen nicht auf mangelnder Sprachkompetenz – auch wenn man sich diese werbestrategisch teilweise zunutze macht.[16]

---

Baskenmütze für Frankreich) oder Mimik, Gestik und Akzent, vgl. hierzu auch Platen (1999) „Vivan los Wochos" – Romanismen in der bundesdeutschen Alltagskultur".

15 Zur Prestigefunktion europäischer Sprachen cf. Harald Haarmann (1984): Fremde Namen für einheimische Industrieprodukte, in: Beiträge zur Namenforschung 19, 1984, der die Funktionalisierung ethnokultureller Stereotype in der japanischen Werbesprache in Bezug auf die verwendete Sprache und den Produktbereich untersucht.

16 Nicht selten werden in Werbespots Interferenzen mit der Muttersprache bewusst eingesetzt und instrumentalisiert. Hier erfreut sich vor allem die italienische Sprache bzw. der italienische Akzent besonderer Beliebtheit. Erinnert sei hier nur an den radebrechenden Herrn Angelo und Guiseppe Trappatoni, der mit „Flasche leer" für Müller Milch warb.

Was Werbexenismen in erster Linie ausmacht, ist das bewusste Markieren des Fremden bzw. der Verweis auf Fremdes, das nur funktioniert, weil das sprachlich Fremde als bekannt vorausgesetzt werden kann. Insofern verweisen Xenismen auf „bekannte Fremdheit“ (Moser 1996:17). Damit erklärt sich auch die „Typizität der Xenismen“ (Bratschi 2005:52), greifen sie doch auf sprachliche Merkmale zurück, die kollektiv als typisch erkannt werden.

Hierbei kann es sich um die Kenntnis sprachtypischer Wortausgänge oder Flexionsmorpheme handeln: Für das Italienische scheinen vollvokalische Endungen auf *-a* und *-o* charakteristisch zu sein – gestützt durch bekannte Lexeme wie *Pizza* oder *bello* – die Endung *-os* gilt als typisch griechisch oder spanisch. Ein Produktname wie *Patros* wird dem Griechischen zugeordnet, gestützt durch vergleichbare Formen wie *Gyros* oder *Rhodos* (Bratschi 2005:77).[17]

Das originäre spanische Sprachsystem machte sich McDonald’s zunutze und leitete die „mexikanischen Wochen“ mit Kunstwörtern wie *Los Wochos* ein. Sprachlich erweitert wurde das Fast-Food-Angebot durch Reihenbildungen mit nativen und nicht-nativen Basislexemen wie *Los Würzos* (Würzmischung) und *Los Pommos* (scharfe Pommes frites).

Neben der Verwendung bekannter Wortausgänge können auch sprachtypische Laute und implementierte Sonderzeichen, d.h. Diakritika, signifikante Fremdheitssignale sein. So verweist der Nasalvokal und der Akzent in *Géramont* auf das Französische, die Sonderzeichen <ø> und <å> weisen auf das Skandinavische, auch ohne genaue sprachliche Zuordnung zu Dänisch, Schwedisch oder Norwegisch. Die Tilde wie in *Mederaño* ist charakteristisch für das Spanische, und auch ohne Kenntnis der osteuropäischen Sprachen wird der Hatschek <č> wie in *Škoda* auf den osteuropäischen Sprachraum weisen (hierzu auch Bratschi 2005:68–69).

Bestimmte Elemente einer Sprache (Lexeme, Morpheme, Phoneme oder Grapheme) werden nur so weit übernommen, wie sie der oberflächlichen oder rudimentären Kompetenz über eine Sprache entsprechen, d.h. ein Basiswissen über die fremde Sprache ist Voraussetzung für das Funktionieren von Xenismen.

Xenismen werden also nicht auf der Basis korrekter Regeln angewandt, sondern diese werden vielmehr vernachlässigt.

Insofern basieren sie auf einem „Pseudo-Wissen“, das zudem bestimmte sprachliche Konnotationen an die jeweilige Sprache heranträgt. Moser zitiert in

17 Dass es sich bei *Patros* um ein reines Kunstwort handelt – es gibt keine Basis *Patr-*, an die mit *-os* suffigiert wird – stützt umso mehr die Funktion des Suffixes als Fremdheitssignal.

diesem Zusammenhang eine Werbung für Bekleidung, die zur Unterstützung eines bewusst eingesetzten italienischen Images mit „sportissimo" warb, während der italienische Superlativ „sportivissimo" lautet (Moser 1996:25). Der Normverstoß wird in den seltensten Fällen erkannt, relevant ist vielmehr, dass das Elativsuffix *-issimo* in seiner Steigerungsfunktion mit der Bedeutung „sehr" als Ausdruck für qualitativ Höherwertiges verstanden wird. Dies kann, so Bratschi (2005:79) zu Recht, insofern vorausgesetzt werden, als analoge Ausdrücke aus der Musik wie *fortissimo, pianissimo* in der Bedeutung einer Steigerung allgemein bekannt sind.[18] Das Steigerungssuffix und das positiv konnotierte Italienbild bilden zusammen die aufwertende referentielle Funktion.

Je höher der Bekanntheitsgrad bestimmter sprachlicher Elemente einer Sprache ist, und je mehr diese konventionalisiert sind, umso eher können sie in der Werbesprache oder bei Produktnamen wirksam eingesetzt werden.

Inwieweit Fremdes richtig übernommen wird, ist dabei sekundär, wichtig ist, dass das Fremdheitssignal – auf welcher sprachlichen Ebene auch immer – erkannt und richtig zugeordet wird. Insofern spielt auch der Informationsgehalt der verwendeten sprachlichen Elemente eine untergeordnete Rolle. Wesentliches Kennzeichen von Xenismen ist vielmehr, dass Fremdheit, und zwar konnotativ vermittelte Fremdheit, evoziert werden soll.

Inwieweit Xenismen, in unserem Fall der Einsatz nicht-nativer Suffixe, im Bereich der Produktnamenbildung Verwendung finden, soll im Folgenden anhand bestimmter Produktnamen untersucht werden. Zunächst soll dabei ein Überblick über rekurrente Suffixe der Produktnamenbildung gegeben werden. Daran wird sich eine Analyse der einzelsprachlichen Suffixe im Hinblick auf ihre formale und semantische Struktur anschließen wie auch eine Untersuchung der Eigenschaften des Basislexems.

## 3.3 Derivate – Suffixderivationen

### 3.3.1 Suffigierung

Die Suffigierung oder explizite Suffixableitung dient der Bildung komplexer Wörter durch Anhängen eines Suffixes an eine Stammform. Als Wortbildungsmorpheme und damit bedeutungstragende Zeichen haben Ableitungsmorpheme

---

18 Gestützt wird dies m. E. durch Bezeichnungen wie *Karnevalissimo* für eine Sendung des ZDF zur Karnevalszeit. Auch hier wird über das Komparationssuffix, wenn auch konnotativ, auf eine wie auch immer geartete Aufwertung gezielt.

zunächst die Funktion, Mittel zur Bildung neuer Wörter bereitzustellen, wobei sie die Wortart der Basis festlegen. Genauer gesagt haben Suffixe Kopffunktion, d.h. sie bestimmen die Grammatik der ganzen lexikalischen Einheit (Eisenberg 1999/2000:215).[19] So ist „lich" der Kopf von „freundlich", weil „freundlich" ein Adjektiv ist und dies durch das Suffix „lich" bestimmt wird.

Charakteristisch für Suffixe ist, dass sie bestimmte Stämme zur Ableitung erfordern und sich nur mit Teilklassen substantivischer Kategorien verbinden. So bildet „lich" auf der Basis von Substantivstämmen Adjektivstämme.

Die Distribution und Position von Ableitungssuffixen unterliegt insofern starken Beschränkungen, d.h. „... es gibt klare Präferenzen für eine bestimmte Kategorie, diese betreffen neben den kategorisierenden sowohl phonologische wie morphologische und natürlich semantische Eigenschaften der Basis- und der Zielelemente" (Eisenberg 1998:259).

Bei der Suffigierung werden zwei Möglichkeiten unterschieden: die Modifikation und die Transposition. So entsteht bei der Modifikation ein neues Wort z.B. durch ein Präfix, ohne dass sich die Wortart ändert, z.B. (*lesen – vorlesen*), bei semantischer Modifikation des Basislexems aber gleichbleibender Wortart. Bei der Transposition entsteht ebenfalls ein neues Wort, es ändert sich im Gegensatz zur Modifikation aber auch die Wortart (*schön – Schönheit*).

Darüber hinaus ergeben sich im Hinblick auf die semantische Leistung bestimmter Suffixe Zuordnungen zu bestimmten inhaltlichen Komponenten. So lassen sich verschiedene bedeutungstragende Klassen von Suffixen unterscheiden, z.B. native Suffixe zur Ableitung von Abstrakta: *-heit, -igkeit, -keit, -ität, -schaft, -tum, -ung* oder von Nomina agentis: *-ling, -er, -ler, -ner,* wie auch modifizierende Suffixe zum Ausdruck allgemeiner semantischer Kategorien, etwa die Diminutivsuffixe *-chen* und *-lein.* Diese Suffixe verfügen über „prädikatives Potenzial" (Walter 1982:225) und können über ihre Suffixsemantik dem Basislexem eine semantische Komponente hinzufügen.

Suffixe sind somit „begrifflich-semantische Modifizierungen" (Spiewok 1977), sie zeichnen sich durch eine stärker abstrahierende Klassenbedeutung aus und können paradigmenbildend wirken (Draeger 1996:43).

Der native Suffixbestand der deutschen Sprache ist nur geringfügigen Veränderungen unterworfen, Erweiterungen erfährt er durch Grammatikalisierung über Affixoide oder die Übernahme nicht-nativer Suffixe wie z.B. des frz. Diminutivsuffixes *-ette* (Kemmerling-Schoeps 2003:156).

---

19 Zu formalen und funktionalen Kriterien von Suffixen siehe Eisenberg (1999/2000:209ff.).

### 3.3.2 Substantivische Suffigierungen im Rahmen der Produktnamenbildung

Im Folgenden soll zunächst ein Überblick über rekurrente italienische Suffixe gegeben werden, die für die Produktnamenbildung herangezogen werden. Eine formale Analyse wird zunächst untersuchen, ob es bezüglich der Silbenzahl und -form Präferenzen gibt. Unter morphologischen Gesichtspunkten wird zweitens nach der „Natur" des Basislexems zu fragen sein, welcher lexikalischen Kategorie es angehört, ob es nativ oder nicht-nativ ist und ob es gekürzt oder ungekürzt übernommen wird. Die morphologische Analyse wird sich weiterhin den verwendeten Suffixen widmen und untersuchen, ob diesen noch eine semantische Leistung zuerkannt werden kann, und wenn dies nicht der Fall ist, welche spezifischen Eigenschaften sie stattdessen aufweisen. Darüber hinaus wird nach der Art der Ableitung der Produktnamen mit italienischen Suffixen zu fragen sein, ob sich spezifische regelgeleitete Aussagen über den Wortbildungsprozess bei Produktnamen machen lassen und welche Parallelen und Differenzen zur Ableitung im Normalwortschatz bestehen.

## 3.4 Das Datenmaterial

In das untersuchte Datenmaterial haben ausschließlich Produktnamen Eingang gefunden, die mit Hilfe italienischer Diminutiv- oder Movierungssuffixe gebildet wurden. Folgende Suffixe sind dabei belegt:

<u>- italienische Diminutivsuffixe</u>

*-ella* (*Sanella, Butella*)
*-ello* (*Rafaello*)
*-etto* (*Cornetto, Fioretto*)
*-ino* (*Brandino, Bluedino*)
*-ina* (*Apetina, Valensina*)

<u>- italienisches Movierungssuffix</u>

*-essa* (*Mildessa, Rotessa*)

Bei der Wahl der zur Verfügung stehenden Suffixe fällt auf, dass bestimmte Suffixe im Gegensatz zu anderen offensichtlich „beliebter" sind.

## 3.4.1 Silbenzahl

Das Datenmaterial umfasst insgesamt 28 abgeleitete Produktnamen.

Von diesen 28 Produktnamen sind 19 Dreisilber, d.h. 67,8%. Viersilber kommen lediglich mit 9 Belegen, also 32,14%, vor. Dass nur Drei- und Viersilber vertreten sind, ergibt sich durch die Suffixe, die allein bereits zwei Silben ausmachen.

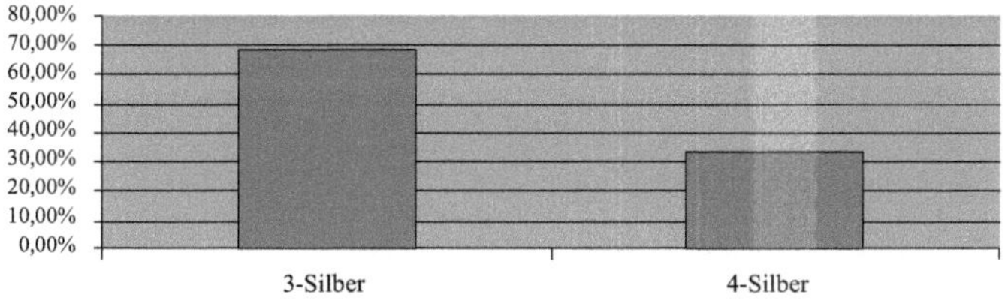


*Abb. 1: Silbenzahlen der abgeleiteten Produktnamen*

## 3.4.2 Silbenformen

Wir beginnen die Untersuchung der formalen Eigenschaften der abgeleiteten Produktnamen mit der prozentualen Verteilung der Silbenformen der dreisilbigen Produktnamen. Zur Darstellung offener und geschlossener Silben werden geschweifte Klammern verwendet. { steht für eine offene Silbe, } für eine geschlossene, { { stehen dementsprechend für zwei offene Silben, usw.:

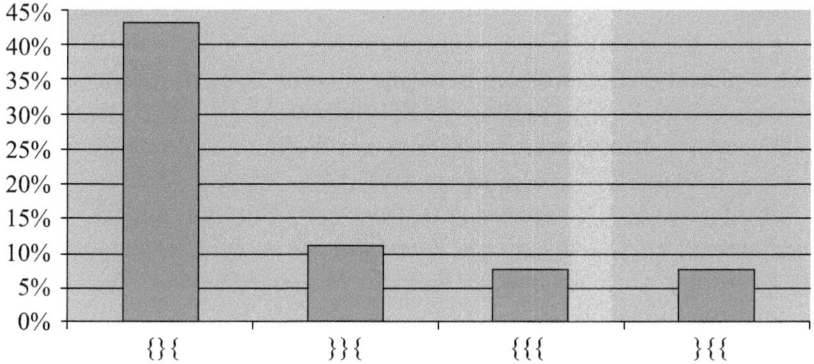


*Abb. 2: Silbenformen der 3-silbigen Produktnamen*

Die dreisilbigen Produktnamen bevorzugen Wortformen mit einer offenen Silbe am Wortanfang, einer offenen Silbe am Wortende und einer medialen geschlossenen Silbe, also die Wortform { } {, mit 42,85% vor allen anderen (z.B. *Butella*). Mit 10,71% folgt die Form } } { (z.B. Cornetto). Mit jeweils 7,14% sind die Silbenformen { { { (z.B. Bluedino) und } { { (z.B. *Brandino*) vertreten. Dieses Ergebnis ist insofern nicht erstaunlich, als es sich schon allein durch die zahlenmäßig am stärksten vertretenen Suffixe *-ella, -ello, -etta, -etto* erklärt, deren erste Silbe geschlossen ist. Führen wir zum Vergleich die Silbenformen der viersilbigen Produktnamen an.

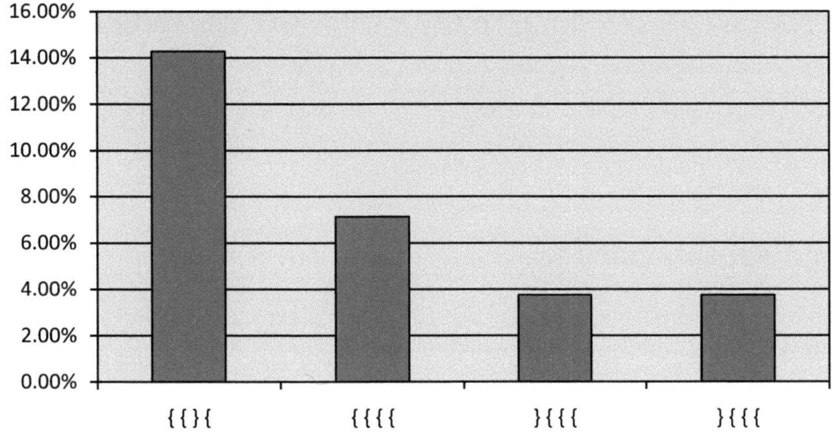


*Abb. 3: Silbenformen der 4-silbigen Produktnamen*

Die prozentuale Verteilung der Silbenformen der Viersilber ist mit der der Dreisilber vergleichbar: Den höchsten Anteil der mit neun Belegen vertretenen Viersilber, umgerechnet 32,14%, machen die Silbenformen { { } { (z.B. *Yogotella*) mit 14,28% aus. Mit deutlichem Abstand folgt eine Wortform mit drei offenen Silben: { { { { (z.B. *Beukelino*): Diese ist nur mit 7,14% vertreten. Mit nur 3,57% sind die Silbenformen } { { { vertreten (z.B. *Montelino*). Ebenfalls mit 3,57% sind die Silbenformen } { } { vertreten, (z.B. *Zottarella*) wie auch die Silbenformen { } { { (z.B. *Valensina*). Auch hier trägt die Form der frequenten Suffixe *-ella, -ello, -etta, -etto* zu diesem Ergebnis bei.

Die Aussagekraft der emittelten Präferenzen, auch wenn sich vergleichbare Ergebnisse zwischen Drei- und Viersilbern ergeben, muss jedoch in Anbetracht der kleinen Datenmenge in Frage gestellt werden. Eine statistische Relevanz sinkt zwangsläufig mit einer geringen Datenmenge – in unserem Fall könnten sich bei einer größeren Datenmenge andere Präferenzen ergeben.

## 3.4.3 Silbenränder der abgeleiteten Produktnamen

Widmen wir uns im Folgenden der Besetzung der Silbenränder der abgeleiteten Produktnamen getrennt nach Silbenzahl. Die Kennzeichnung der einzelnen Besetzungen ist an die abkürzende Notation C (engl. *consonant*) für Konsonanten und entsprechend V (engl. *vowel*) für Vokale angelehnt. Da es im Deutschen außer bei Reduktionssilben keine Silben gibt, bei denen dem Silbenkern kein Laut vorausgeht, wird ein anlautender Vokal mit G**V** wiedergegeben (G= *Glottisschlag*).

Vergegenwärtigen wir uns nun die Silbenform der dreisilbigen Produktnamen im Hinblick auf die Besetzung der Silbenanfangsränder. Die fakultative Besetzung der Silbenendränder bei identischer Besetzung des Silbenanfangsrands ist der Vollständigkeit halber mit (C) angegeben.

### 3.4.3.1 Silbenränder der Dreisilber

Silbenanfangsränder

| | |
|---|---|
| 1. **C**V(C).**C**V(C).**C**V | = 84,21% |
| 2. **CC**V(C).**C**V.**C**V | = 15,78 % |

Von den 19 Dreisilbern weisen 16, also 84,21%, einfache Silbenanfangsränder auf; ein Ergebnis, das bedingt durch die Silbenform **G**V.CV (*-ino*) oder VC.CV (*-ella, -ella...*) der Suffixe kaum anders ausfallen kann. Am geringsten vertreten sind demgegenüber Silbenformen mit komplexen Silbenanfangsrändern. Diese sind auch nur mit drei Belegen vertreten, was einem prozentualen Anteil von 15,78% entspricht; ein Ergebnis, für das es eine naheliegende Erklärung gibt. Komplexe Silbenanfangsränder können ja nur am Wortanfang auftreten, und da in die abgeleitete Form immer die erste Silbe des zugrunde liegenden Basislexems eingeht, bleibt in solchen Fällen der komplexe Anfangsrand bestehen wie bei *Brandino, Bluedino* und *Frubetto*.

Silbenendränder

| | |
|---|---|
| 1. (C)C**V**.CV**C**.C**V** | = 63,15% |
| 2. CV**C**.CV**C**.C**V** | = 15,78% |
| 3. (C)C**V**.C**V**.C**V** | = 10,52% |
| 4. CCV**C**.C**V**.C**V** | = 10,52% |

Die Besetzung der Silbenendränder gestaltet sich wie folgt: Die bei weitem bevorzugteste Wortform mit einem prozentualen Anteil von 63,15% besteht aus einer offenen ersten Silbe, einer einfach besetzten geschlossenen medialen Silbe und einer offenen dritten Silbe (z.B. *Frubetto*). An zweiter Stelle folgt mit 15,78% eine Wortform mit einer ersten und zweiten einfach geschlossenen Silbe, während die dritte Silbe offen ist (z.B. *Cornetto*). Eine Wortform mit drei offenen Silben ist dagegen nur mit 10,52% vertreten (z.B. *Danino*). Ebenfalls mit 10,52% vertreten ist eine Wortform mit einer ersten geschlossenen Silbe und einer offenen zweiten und dritten Silbe (z.B. *Brandino*). Komplexe Silbenendränder sind nicht vertreten und könnten, wenn überhaupt, nur am Silbenendrand der ersten Silbe vertreten sein.

| |
|---|
| CV(C).CV(C).CV(C).CV |

### 3.4.3.2 Silbenränder der Viersilber

Silbenanfangsränder

Alle Viersilber weisen einfache Silbenanfangsränder auf. Da auch die Viersilber mit nur neun Belegen vertreten sind, sind Aussagen zu Präferenzen nur schwer möglich.

Silbenendränder

| | |
|---|---|
| 1. CV.CV.CVC.CV | = 14,28% |
| 2. CV.CV.CV.CV | = 7,14% |
| 3. CV.CVC.CV.CV | = 3,57% |
| 4. CVC.CV.CVC.CV | = 3,57% |
| 5. CVC.CV.CV.CV | = 3,57% |

Die prozentuale Verteilung der Viersilber gestaltet sich wie folgt: Mit 12,44 wird eine Wortform mit drei offenen Silben bei einer vorletzten Silbe bevorzugt. Wenn sich hier auch scheinbar Präferenzen abzeichnen, so hängt dies mit der Wahl der Suffixe zusammen. Die Suffixe *-ella, -ello, -etta* und *-etto* sind frequenter als *-ino* und *-ina*.

# 4. Zur Semantik der Diminutivsuffixe

Im Italienischen dienen die unter 3.4 genannten Suffixe der Diminutivbildung von a) Appellativen: *cavall-ino* („Pferdchen“), b) Adjektiven: *piccol-ino* (im Sinne eines negativen Aspekts von Kleinheit) und – jedoch weit weniger frequent – von c) Adverbien. *ben-ino.* Darüber hinaus können auch Eigennamen mit Diminutivsuffixen suffigiert werden wie z.B.:

| | |
|---|---|
| Carlo | Carlino[20], Carletto |
| Rosa | Rosella, Rosetta, Rosino, |
| Maria | Marietta, Mariolina |
| Paolo | Paolino, Paoletto. |

In diesen Fällen – und das teilt das Italienische mit dem Französchen und Deutschen – referieren die Suffixe nicht auf dimensionale Kleinheit, sondern haben dominant affektive Funktion. Affektivität kann dabei den Ausdruck positiver Affektivität annehmen, z.B. bei der Verwendung von Eigennamen, kann aber auch negative Konnotationen transportieren. In der Diminutivform *piccol-ino* stecken dabei „negative aspects of smallness“ (Dressler 1994:118).

In seiner Untersuchung zu italienischen Gerätebezeichnungen konnte Gabriel nachweisen, dass unter den genannten Suffixen *-etto* sehr produktiv ist und analog zu seiner semantischen Leistung verwendet wird: z.B. in *doccetta* (eine Handdusche) oder *cofanetto* (Kästchen). Überdurchschnittlich frequent ist auch *-ino.* Bei den Referenzobjekten kommt die diminuierende Bedeutung – so Gabriel (2003:136) – in beinah allen Fällen zum Tragen, handelt es sich doch durchweg um kleine Küchengeräte, z.B. einen kleinen Zwiebelschneider *cipollino.* Das Movierungssuffix *-essa* konnte in unserem Datenmaterial fünfmal belegt werden, hier als reihenbildendes Suffix der Firma Hengstenberg, z.B. mit den Produktnamen *Mildessa, Rotessa* und *Roressa.*

Für die kommerzielle Produktnamenbildung erweisen sie sich als „kompatible“ Versatzstücke, die wie Suffixderivationen immer rechts an die Basis gehängt werden. Die Frage wäre aber, ob sie es ihrer Funktion nach wirklich sind. Als

20 Das Suffix *-ino,* so Gabriel, wird im Italienischen darüber hinaus zur Denominal- und auch Deverbalbildung herangezogen, wenn auch als geringfügig produktives Morphem (Gabriel 2003:127).

Derivationsmorpheme hätten sie zwei Bedingungen zu erfüllen: Einerseits müssten sie eine semantisch-funktionale Bedeutung haben, d.h. in den genannten Fällen der Diminuierung dienen. Andererseits müssten sie auch distributionell bestimmbar sein: Das heißt, sie müssten an Basen gehängt werden, die die Ausgangssprache für solche Suffixe bereitstellt: Für die genannten Suffixe also vor allem Nomen, Adjektive oder Eigennamen.

Für die zitierten Suffixe greift deren semantische Leistung – die Diminuierung – in einigen Fällen: Bei der Salami, die aus Brandenburg stammt und unter dem Produktnamen *Brandino* vertrieben wird, handelt es sich um Minisalamis. Auch für das Schokoladenkonfekt von Milka, *Montelino,* das übersetzt „kleiner Berg" bedeutet, greift die semantische Bedeutung des Diminutivsuffixes: Die Konfektstückchen haben die Form eines kleinen Bergs. Die Bedeutung der Verkleinerung trifft auch für *Beukelino* zu, denn hier handelt es sich um kleine Schokoladenkekse für Kinder. Für die anderen Produktnamen dagegen ist diese Bedeutungszuordnung so nicht möglich:

Mit *Butella* ist z.B. kein kleines Butterstück gemeint und eine Basis *But* existiert im Deutschen nicht. Auch der aus lat „sanus"= „gesund" abgeleitete Produktname *Sanella* kann zwar seinen Bestandteilen nach morphologisch bestimmt werden, eine Ableitung mit *-ella* kann hier aber nicht mit dem Erstelement so in Beziehung gesetzt werden, dass die semantische Leistung des Suffixes, d.h. die diminutive Bedeutung, zum Tragen kommt.

Für das Suffix *-ella,* die feminine Variante des Suffixes *-ello,* konnte Gabriel (2003:132) an Korpusbeispielen belegen, dass es hier semantische Divergenzen zu der maskulinen Form gibt. Während *-ello* die diminuierende Grundfunktion bei der Benennung italienischer Geräte erfüllt, war dies für *-ella* nicht in dem Maße der Fall.

Gabriel rückt die Funktion von *-ella* hier eher in die Nähe der von Praninskas bezeichneten „commercial suffixes" (Praninskas 1968:44ff), mit der er branchenübergreifend Produktnamenmarker bezeichnet, für die eine spezifisch semantische Leistung nicht möglich ist. Ob dies für die Verwendung der beiden Diminutivsuffixe für den Bereich der Lebensmittelindustrie ebenfalls zutrifft, ist im Einzelnen noch zu überprüfen. Auffallend ist, dass nicht-native Suffixe auch an heimische Produkte gehängt werden; die fremdsprachliche Anleihe hat hier offensichtlich eine ganz bestimmte Funktion.

Bei der Bildung von Produktnamen scheint bei den genannten Beispielen eine bestimmte Lautstruktur präferiert zu werden, hier eine prototypische Lautstruktur vornehmlich im „romanischen" Gewand.[21]

21 Dass bei einer prototypischen Fremdwortgestalt noch zwischen fremdsprachlichen Zitaten, d.h. Nachahmungen einer Fremdwortgestalt und deutschen Fremdwörtern

Die Nähe oder Pseudonähe zu einer Fremdwortgestalt lässt sich folgendermaßen begründen: Im Rahmen einer werbestrategischen Präsentation wird ein Produkt, vor allem im Bereich der Genussmittel, bevorzugt mit einem fremd klingenden Namen versehen. Voraussetzung dafür ist ein prestigehaltiges Ursprungsland, das über die sprachliche Vermittlung valorisierenden Charakter hat.

Eine prototypische Lautstruktur stellen die genannten Suffixe insofern dar, als sie aus vielen Lehnwörtern (z.B. *Mortadella, Bella, Padrone*) als bekannt vorausgesetzt werden können und – mit Rekurs auf die sprachlichen Xenismen – konventionalisierte sprachliche Strukturen darstellen. Die appellhafte Funktion von Produktnamen wird hier über die prototypische Lautgestalt bewirkt, die spezifische Funktion der Suffixe, die schwerpunktmäßig zur Diminuierung herangezogen werden, spielt bei der Produktnamenbildung, bis auf die genannten Beispiele, keine Rolle. Die beabsichtigte Assoziation liegt vor allem in der Lautstruktur.

Das heißt, es stellt sich die Frage, welche Leistung den verwendeten Suffixen zuerkannt werden kann.

Da die semantische Leistung der Suffixe nicht in allen Fällen greift, muss sich ihre Verwendung einem anderen Aspekt als dem der zugrunde liegenden Semantik der Diminutivsuffixe verdanken.

## 4.1 Morpheme oder Phonästheme?

Die Bedeutsamkeit der Suffixe wurde über ihre Lautbedeutsamkeit erklärt. Für die genannten Suffixe ließe sich diese mit der Vermittlung „südländischer Eleganz“ oder „kulinarischer Raffinesse“ benennen. In dieser Funktion wurden sie als Phonästheme verstanden und als solche zuerst von Ronneberger-Sibold diskutiert (1998).

Phonästheme, im Rahmen der Natürlichen Morphologie auch Submorpheme genannt (cf. Dressler 1990), sind charakterisiert durch Lautbedeutsamkeit.

Es handelt sich um wiederkehrende Wortbestandteile, deren stetig wiederkehrendes Auftreten Beleg dafür ist, dass es sich nicht um rein zufällige Strukturen handelt (Plank 1981:220): So z.B. in englischen Verben (*gl-itter, gl-ow, gl-eam,*

---

unterschieden werden muss, dies zeigt Ronneberger-Sibold (1998:117) mit dem Hinweis, dass vor allem im Hinblick auf die Akzentsetzung Unterschiede vorliegen. Die Akzentposition ist nicht immer mit den Regeln der Gebersprache identisch. Mitunter kann ein und dasselbe Wort nach einer fremdsprachlichen Zitiergestalt oder nach einer deutschen Fremdwortgestalt betont werden. Bsp.: Pa'radigma (griech. Zitiergestalt mit Betonung auf der drittletzten Silbe) und Para'digma (Betonung auf der zweitletzten Silbe) und damit identisch mit der Betonung lateinischer Fremdwörter.

*gl-oom);/gl-/*als initiale Lautkombination steht hier für „Licht(-Schein)“ (Plank 1981:220). Vergleichbares findet sich auch im deutschen Normalwortschatz. Das silbeninitiale *schl* konnotiert in einigen Wörtern Unangenehmes, Unsauberes oder Unappetitliches: *schlabbern, schleimen, schlierig, schlickig.*

Phonästheme, begrifflich geprägt von J.R. Firth (1937), sind submorphematische Einheiten, die semantisch belastet sind. Sie sind häufig Teilstrukturen oder Konsonantencluster in einer Silbe, die in Wörtern vorkommen, die semantisch ähnlich sind. Die semantische Belastung ergibt sich aus der Verbindung der submorphematischen Einheit und analogen semantischen Kontexten, d.h. Phonästheme entwickeln und verstärken sich in dem Maße, wie sie als phonetische Einheiten in analogen semantischen Kontexten wahrgenommen werden (Zelinsky-Wibbelt 1983:23). Ihre Bedeutsamkeit entfaltet sich im Rahmen einer konventionalisierten Ähnlichkeitsrelation, assoziativ begründeten Verbindungen, wobei ein semantisches Konzept auf der Basis gleicher Lautverbindungen auf andere Wörter übertragen wird. Phonästheme werden als Gruppen von Lautstrukturen definiert, die über analoge phonologische Strukturen eine semantische Leistung entwickeln. Ähnliche submorphematische Strukturen, die semantisch Ähnliches bezeichnen, ergeben bestimmte Laut-Bedeutungsrelationen, die es erlauben, von phonologischem Ikonismus zu reden (Zelinsky-Wibbelt 1983:16).

Inwiefern lässt sich rechtfertigen, die Diminuierungssuffixe *-ella, -etta, -ello, -ino* usw. in Produktnamen als Phonästheme zu interpretieren? Würde das zutreffen, so müssten sie allein durch eine Lautbedeutsamkeit gekennzeichnet sein, die mit der Assoziation mediterranen Flairs beschrieben wurde (Ronneberger-Sibold 1998:223).

Da die genannten Produktnamen alle dem Food-Bereich entstammen, wird hier nicht nur allgemein südländisches Flair assoziiert, sondern vielmehr branchenspezifisches Know-how, wobei über die Suffixe eine Scheinauthentizität vermittelt wird, die sprachlich am Renommée des entsprechenden Landes partizipiert (hierzu Platen 1999). Die geliehenen sprachlichen Formen, in unserem Fall die Suffixe, wirken demnach über ihre Lautbedeutsamkeit. Ihre eigentliche semantische Leistung oder, präziser ausgedrückt, das Wissen um diese Leistung, ist hier nicht relevant, was nicht einschließt, dass es nicht zutrifft.

In Kapitel 4 wurde festgehalten, dass für Produktnamen wie *Beukelino, Brandino, Cornetto* und *Montelino* die diminuierende Bedeutung greift, da der Ausdruck der Verkleinerung zutrifft.

Für andere Produkte (*Butella, Bluedino*) ist der Ausdruck der Verkleinerung bzw. Vergrößerung nicht gegeben. Die Verwendung italienischer und spanischer Suffixe zeigt hier eine Tendenz zu semantischer Nivellierung zugunsten einer positiv konnotierten Assoziation, was die Annahme stützt, es handele sich hier um Phonästheme.

Die Frage danach, ob es sich bei den untersuchten Suffixen um Phonättheme handelt, kann nicht dahingehend beantwortet werden, dass die Verwendung italienischer und spanischer Suffixe prinzipiell auf einer Laut-Bedeutsamkeitsrelation beruht, die die semantische Leistung der Suffixe nivelliert. Eine Sichtung der Einzelfälle belegt vielmehr, dass das semantische Potenzial der Suffixe – in unserem Fall die Diminuierung – durchaus greift. Ob es sich in den Fällen, wo der Ausdruck der Verkleinerung nicht nachgewiesen werden konnte (*Butella, Bluedino, Danino*...), um Phonästheme handelt, ist jedoch zweifelhaft. Die euphonische Komponente der italienischen Suffixe spielt bei diesen Beispielen sicher eine größere Rolle als ihre Semantik.

Festgehalten werden kann, dass die Lautbedeutsamkeit der Suffixe ihren „kleinsten gemeinsamen Nenner" in einer positiv konnotierten Assoziation hat, die sich mit südländischem Flair und kulinarischem Know-how beschreiben lässt. Diese assoziierte Lautbedeutsamkeit erhalten die Suffixe jedoch nicht erst über Reihenbildung analoger Kontexte, wie dies charakteristisch für Phonästeme ist.

Die positive Konnotation scheint sich m. E. vielmehr aus der Grundbedeutung der Suffixe selbst zu entwickeln, d.h. sie ist semantisch bereits durch das Suffix gegeben. Zudem handelt es sich bei den Diminutivsuffixen, anders als bei silbeninitialem *schl-* oder *gl-*, um Morpheme; diese sind insofern semantische „Träger" auch in den Fällen, wo auf Lautbedeutsamkeit gesetzt wird. Die semantische Belastung der silbeninitialen Teilstrukturen *schl-* und *gl-* ergibt sich jedoch erst über Reihenbildung in analogen Kontexten und nicht aus einer bereits angelegten Grundbedeutung.

Die Annahme, dass es sich bei den verwendeten Diminuierungssuffixen in Produktnamen generell um Phonästheme handelt, scheint mir daher problematisch.

## 4.2 Semantische Eigenschaften der Basen

Der jeweiligen Basis kann dann, wenn sie nicht auf einem Eigennamen basiert wie *Rafaello* und *Giotto*, eine Angabe zum jeweiligen Produkt entnommen werden, egal ob sie gekürzt oder ungekürzt verwendet wird:

Das Basiselement kann dabei folgenden semantischen Kategorien angehören:

<u>Qualität:</u>

Das Basislexem kann auf eine qualitative Produkteigenschaft hinweisen: *Mildessa* (Sauerkraut im Glas), etwas, das besonders mild ist.

1. Hersteller:
   Hinweise auf den Hersteller enthalten z.B. *Toblerone* (Schokolade des Produzenten *Tobler*), *Zottarella* (Joghurt des Herstellers *Zott*).
2. Toponym:
   Der Produktname kann auf den Herstellungsort verweisen:
   *Brandino* (Minisalami aus Brandenburg).
3. Substanz: Der Produktname benennt die Substanz, aus der das Produkt besteht: *Butella* (Butter) oder, wenn auch eher vermittelt, *Lattella* (Buttermilch über ital: *latte*).
4. Form: *Montelino,* Schokoladenkonfekt von Milka in Form eines kleinen Bergs.
5. Aussehen: *Bluedino* (Blauschimmelkäse).

# 4.3 Kategorien der Basen

Die Kombinierbarkeit von Basis und Suffix kennt dabei wenig Beschränkungen. So können als Basen Nomen (Butter in *Butella*) Adjektive (mild: *Mildessa*), Verben (knuspern: *Knusperone*), gekürzte Toponyme (Brandenburg: *Brandino*) wie auch nicht-native Lexeme (engl.: „Corn" = Korn in *Cornetto,* engl.: „*nut*" = Nuss in *Nutella,* ital: „*monte*" = kleiner Berg in *Montelino*) vertreten sein:

| | |
|---|---|
| N. < N.: | *Butella* (Butter), *Nutella* „nut" (Nuss), *Yogotella* (Joghurt). |
| Toponym < N.: | *Brandino* (Brandenburg). |
| Eigenname < N: | *Beukelino* (de Beukelaer), *Danino* (Danone) |
| Adj. < N: | *Mildessa* (mild), *Bluedino* („blue"= blau), *Rotessa* (rot). |

Insofern kennt die Suffigierung bei der Produktnamenbildung mit nicht-nativen Suffixen wenig Beschränkungen, ein Aspekt, der auf die substantivische Suffigierung des Normalwortschatzes so nicht zutrifft.

So sind die nativen Suffixe *-heit*, *-keit*, *-igkeit,* durch bestimmte Basisrestriktionen gekennzeichnet; *-heit* ist nur bei nicht suffigierten Adjektiven und Partizipien möglich (*Blindheit, Schönheit, Gereiztheit, Entschlossenheit*). Das Suffix *-keit* kann nur an Basen gefügt werden, die auf *-bar, -ig, -lich* und *-sam* enden (*Ableitbar-keit, Heftig-keit, Ausführlich-keit, Regsam-keit*).

Das Suffix *-er* dagegen hat als Basen sowohl Verben (*Angeber, Aussteiger*), Nomen (*Förster, Schäfer*), Adjektive (*Gläubiger*) und auch Numerale (*Einser, Fünfer, Dreitausender*). Eine ähnliche Kombinierbarkeit liegt auch für das Suffix *-ling* vor: Auch hier sind als Basen Verben (*Ankömmling, Bratling*), Nomen (*Fäustling, Flüchtling*), Adjektive (*Feigling, Fiesling*) und Numerale möglich

(*Drilling, Mehrling*). Die Suffigierung mit italienischen Diminutivsuffixen kann jedoch zu Lasten der Semantik der Suffixe gehen, d.h. sie werden, wie bereits gezeigt, in den meisten Fällen ohne semantisches Potenzial verwendet.

Eine semantische Entspezifizierung der Suffixe im Rahmen der Produktnamenbildung konnte Voigt (1982) auch für den Bereich der Kunststoffe feststellen. Hier hat der Verlust an begrifflicher Genauigkeit bzw. referentieller Bedeutung dazu geführt, dass bestimmte Suffixe nicht mehr zur Kennzeichnung bestimmter Eigenschaften herangezogen wurden. So entsprechen die Suffixe *-al, -an, -at, -ol, -on* in der Verwendung von Kunststoffnamen nicht mehr ihren terminologischen Bedeutungen und treten nur noch als reihenbildende Suffixe auf, die zudem durch eine Positionsungebundenheit gekennzeichnet sind (Voigt 1982:191).[22]

## 4.4 Französisches Suffix *-ette*

Mit dem französischen *-ette* widmen wir uns im Folgenden einem Suffix, das ebenfalls wie die bisher analysierten italienischen Suffixe *-ella, -ello, -ino* etc. Eingang in die Produktnamenderivation gefunden hat und in der Ausgangssprache der Diminuierung dient.

Das Diminutivsuffix mit seinen Varianten *-elet(te)* und *-ot(te)* ist das im Französischen am häufigsten vorkommende Suffix (Würstle 1992:64). Es dient vor allem der synthetischen Diminuierung von Substantiven, ist aber auch mit Adjektiven und Verben kombinierbar (*fillette, allumette, blanquette*). Im Gegensatz zur Diminuierung im Deutschen behält das französische Diminutiv im Allgemeinen das Genus des Basislexems bei und verfügt über eine maskuline und eine feminine Variante (*fille – fillette*). Im modernen Französisch können jedoch auch maskuline Basen mit der femininen Variante des Suffixes kombiniert werden (*cigarette, camionette*).

Über die Funktion der Diminuierung hinaus werden im Französischen Diminutivsuffixe auch zur Bildung nicht-diminutivischer Ableitungen herangezogen (*cachette, à l'aveuglette*) (Würstle 1992:66). Darüber hinaus gibt es Lexeme wie z.B. *facette*, *lunette* oder *pommette,* bei denen das Basislexem durch die

22 Den semantisch entspezifizierten Gebrauch von Suffixen im Bereich der Produktnamenbildung stellt Praninskas (1968:49) als branchenübergreifendes Phänomen fest. Für Morpheme wie *-a, -an, -ax, -el, -ena, -ex,* die er „commercial suffixes" nennt, kann er keine klare semantische Zuordnung mehr belegen.

Suffigierung speziellere Bedeutung angenommen hat, oder Fälle, in denen das Grundwort nicht mehr existiert und die Diminutivform durch Lexikalisierung die ursprüngliche Bedeutung eingebüßt hat (*chouette, alouette*) (Würstle 1992:66).[23]

Affektive Bedeutung kommt *-ette,* so Würstle (1992:69), vor allem in Bezug auf Propria zu, wie z.B. in *Pierrette* oder *Jeanette.* Da es sich um Eigennamen handelt, kommt die hypochoristische Bedeutung kaum zum Tragen. Näher liegend scheint mir die Funktion des Suffixes als grundlegende Differenzierung zwischen männlichen und weiblichen Vornamen zu sein (*Jean – Jeanette, Pierre – Pierrette*).

Wie das französische Diminutivsuffix *-ette* in deutschen Produktnamen Verwendung findet, soll im Folgenden erörtert werden.

## 4.4.1 Französisches *-ette* und seine Varianten in Produktnamen

Das Suffix *-ette* mit seinen Varianten ist in der Datensammlung vergleichsweise mit nur wenigen Belegen vertreten. Belegt sind folgende Produktnamen: Almette, Hustinetten, Jogurette, Milketten, Minette, Salzletten, Saltletts, Scheibletten, Rillettes, Rougette, Schogetten, Sticklets, Vitraletten, Waffeletten.

## 4.4.2 Kategorien der Basen

Im Korpus sind, bis auf eine Ausnahme, nur substantivische native und nichtnative Basen vertreten:

N < N: Almette (Alm), Hustinetten (Husten), Jogurette (Joghurt), Rillettes (Schweinefleisch), Salzletten, Saltletts (Salz), Sticklets (Stick), Waffeletten (Waffel).

A < N: Rougette (frz. rougette: „leicht rötlich“).

Eine weitere Ausnahme bildet „Vitraletten“, für das ein Kunstwort, abgeleitet von lat.: vita, die Basis bildet. Verbale Basen sind dagegen nicht vertreten.

---

23 Während des späten 19. und frühen 20. Jahrhunderts erhielt das Suffix im Englischen zusätzliche Bedeutungen und diente zur Bezeichnung femininen Geschlechts (*majorette*) wie auch zur Kennzeichnung von stofflich Ähnlichem (*leatherette, crepette*) (Praninskas 1968:46).

## 4.4.3 Semantische Kategorien der Basen

Der Verwendung des Suffix *-ette* in Produktnamen kommt ein der französischen Sprache analoger Bedeutungsinhalt zu. Primär zielt das Suffix weitgehend auf eine verkleinernde Bedeutung. Dies schlägt sich in *Jogurette* und bei *Schogetten* insofern nieder, als es sich hier um kleine einzeln verpackte Schokoladenriegel bzw. um einzelne Schokoladenstückchen handelt. Die Basislexeme selbst verweisen – ähnlich wie bei den Produktnamen mit italienischen Suffixen – auf unterschiedliche Aspekte des jeweiligen Produkts und lassen sich folgenden semantischen Kategorien zuordnen:

1. Substanz des Produkts:
   z.B. *Jogurette* (Joghurt) *Salzletten, Saltletts* (Salz), *Schogetten* (Schokolade), *Waffeletten* (Waffeln).
2. Anwendungsgebiet:
   z.B. *Hustinetten* (Husten), *Scheibletten* (Schmelzkäse in Scheiben);
3. Qualität:
   *Rougette* (frz. rougette: „leicht rötlich").
4. Herkunft:
   *Almette* (Alm), hier wohl eher im übertragenen Sinne gemeint, handelt es sich doch um einen Frischkäse;
5. Form/Aussehen:
   *Scheibletten* (Käse in Scheibenform).

In einem Fall ist das Basislexem selbst ein Markenname:

6. Herstellername/Markenname:
   *Milketten* (Milka).

## 4.4.4 Zusammenfassung

Für die Produktnamen, die auf die Substanz des Produkts verweisen, lassen sich über die diminuierende Bedeutung des Suffixes hinaus erweiternde Teilbedeutungen ausmachen. Fast allen mit *-ette* suffigierten Produktnamen ist gemeinsam, dass sie Produkte benennen, die semantisch ihren „kleinsten gemeinsamen Nenner" in einer klein portionierten Darreichungsform haben.

Dies gilt neben den bereits genannten Produktnamen *Jogurette* und *Schogetten* auch für *Salzletten* (kleine Salzstangen), *Scheibletten* (einzeln verpackte Schmelzkäsescheiben) und *Waffeletten* (kleine Waffeln).

Für *Almette* ist die diminuierende Bedeutung so nicht aufrechtzuerhalten; gesetzt wird hier mehr auf eine positiv konnotierte Assoziation, die durch das Basislexem gestützt und außerdem semantisch in einer übertragenen, quasi metonymischen Bedeutung im Sinne von „gesund“ oder „natürlich“ vermittelt wird. Allein auf positive Konnotationen setzt der Produktname *Minette,* der ebenfalls einen Frischkäse benennt. Übersetzt aus dem Französischen bedeutet er „Schätzchen, Herzchen“ und kann in keinerlei Beziehung zum Produkt gesetzt werden. Hier liegt der einzige Fall unter den mit *-ette* suffigierten Produktnamen vor, wo allein auf die affektive Bedeutungskomponente des Suffixes gesetzt wird.

Für die Verwendung des Suffixes *-ette* in Produktnamen lässt sich, bis auf *Almette* und *Minette,* eine dem Französischen analoge Verwendungsweise im Sinne einer Diminuierung belegen. Deshalb kann die Annahme, dass die Bedeutung von Produktbezeichnungen, die französische Lautfolgen wie *-ette* enthalten, primär auf deren lautsymbolischer Wirkung basiere (Kemmerling-Schoeps 2001:170), da sie sprachlich gestützt auf südländische Lebensart oder kulinarisches Know-how anspielen würden, so nicht aufrechterhalten werden.

Hier zeigen sich Differenzen zu der Verwendung der italienischen Diminutivsuffixe in Produktnamen. Der Gebrauch der Suffixe führt in einigen Fällen (*Butella, Bluedino*) insofern zu bewusst gesetzter semantischer Nivellierung, als die Grundbedeutung zugunsten einer positiv konnotierten Lautbedeutsamkeit aufgegeben wird. In der kommerziellen Verwendung fungieren *-ella, -etto, -ino* usw. in den Fällen, wo eine diminuierende Bedeutung nicht mehr ausgemacht werden kann, als Phonästheme, deren semantische Leistung, wie in Kap. 4.1 dargestellt, im Wesentlichen auf einer euphonischen Lautbedeutsamkeit beruht.

Im Gegensatz zu den italienischen Suffixen bleibt bei *-ette* in den meisten Fällen die Grundbedeutung des Suffixes erhalten. Die kommerzielle Verwendung bewahrt die Semantik des Suffixes durch Verweis auf eine klein portionierte Darreichungsform (Platen 1997:80). Bei Produktnamen stehen funktionale Anforderungen im Vordergrund, genauer gesagt, die sprachlichen Mittel haben gleichsam funktionalen Gehalt, wie z.B. die spezifische Verwendung fremdsprachlichen Materials. Als ein wesentlicher funktionaler Aspekt von Produktnamen wurde ihre Auffälligkeit genannt (s. Kap. 2.3), sollen sie doch werbende Funktion ausüben.

Die Analyse konnte belegen, dass sich diese Auffälligkeit in einer phonotaktischen Struktur mit prototypischer Fremdwortgestalt niederschlägt, d.h. vollvokalischer Auslaut mit Pänultimaakzent. Auffällig sind sie darüber hinaus durch die sprachliche Anleihe bei Prestigesprachen, in unserem Fall durch die Verwendung von Fremdsuffixen, wobei zu sehen war, dass dabei auch der Verlust des ursprünglichen Bedeutungspotenzials der Suffixe ganz bewusst eingesetzt wird. Die Verwendung von Fremdsuffixen für einheimische Produkte vermittelt branchenspezifisches Know-how und Internationalität.

Produktnamen unterscheidet vom Normalwortschatz somit ein grundlegend funktionaler Aspekt. Sie können ihren sprachlichen Anforderungen nach bewusst an erforderliche sprachliche Bedürfnisse angepasst werden und sind insofern synchron optimierbar.

Ein wesentlicher Punkt, der sich hier anschließt, ist die Frage, inwieweit sich eine synchrone Optimierbarkeit auch unter sprachlich-formalen Aspekten niederschlägt. Eine dementsprechende Untersuchung hat für die abgeleiteten Produktnamen Folgendes zu erörtern:

1. Ausgehend von einer Untersuchung der Derivation der Standardsprache ist zu analysieren, durch welche Aspekte die Produktnamenderivation gekennzeichnet ist.
2. Gibt es Parallelen zu den Ableitungsprozessen, die die Standardsprache vorsieht, oder gibt es markante Abweichungen oder sogar Regelverstöße vor dem Hintergrund der Ableitung der Standardsprache? Diesen Fragestellungen sind die nächsten Kapitel gewidmet.

# 5. Die Ableitung mit italienischen Diminutivsuffixen

Für die Ableitung dreisilbiger Produktnamen wurde in 4.3 festgehalten, dass die Kombinierbarkeit von Basis und Suffix nur wenige Beschränkungen kennt. Die morphologische Kategorie wie auch die Silbenzahl der Basis ist irrelevant; neben einsilbigen Basen (*Corn, Blue, mild*) können diese auch zweisilbig (*Butter, Latte*) oder dreisilbig sein (*Brandenburg*). Die abgeleiteten Formen sind mehrheitlich Drei- oder Viersilber mit prototypischer italienischer Lautgestalt, d.h. sie weisen eine Pänultima betonte Wortstruktur bei vorangehender unbetonter Silbe auf.

Mit Blick auf die Ableitungsprozesse stellt sich die Frage, ob dem homogenen Ableitungsergebnis ein ebenso homogener Ableitungsprozess zugrunde liegt. Genauer gesagt ist zu untersuchen, ob für die Ableitung bestimmte morphologische Operationen ermittelt werden können und welche Anforderungen die Ableitungsbasis erfüllen muss, um den gewünschten drei- oder viersilbigen Output zu erhalten.

Führen wir uns die Datenlage noch einmal vor Augen, um zu verdeutlichen, was die abgeleiteten Produktnamen gemeinsam haben. Mit Formen wie *Butella, Brandino, Zottarella* oder *Yogotella* entstehen drei- oder viersilbige Formen mit Pänultima betonter Wortstruktur bei vorangehender unbetonter Silbe, d.h. Trochäus mit Auftakt. Die Basis wird dabei so verändert, dass sie, falls dies nicht schon der Fall ist, immer auf einen Konsonanten endet, damit die vokalisch anlautenden Suffixe *-ino, -ella* usw. suffigiert werden können. Die Ableitung ist insofern outputorientiert.

Die Frage, die sich nun stellt, ist, inwiefern sie regelgeleitet, d h. ob sich für die Ableitung von Produktnamen mit italienischen Diminutivsuffixen Ableitungsregeln formulieren lassen. Können spezifische morphologische Operationen ermittelt werden, z.B. Epenthesen, um den gewünschten dreisilbigen Output zu erhalten, und welche Bedingungen muss der Input erfüllen? Gibt es zudem Unterschiede zwischen drei- und viersilbigen Produktnamen?

Um die vorangegangenen Fragen zu klären, soll im Folgenden die Stammformbildung des Normalwortschatzes mit der der Produktnamen verglichen werden.

## 5.1 Stammformbildung des Normalwortschatzes

Widmen wir uns zuvor der Stammformbildung des Normalwortschatzes: Die Stammformen sind die Basis sowohl für die Flexion, die Ableitung als auch die

Komposition, wobei die verschiedenen Arten verschiedene Stammformen bilden können (Fuhrhop 1998:22ff).

Die Stammformparadigmen sind dabei den Wortformparadigmen vergleichbar: Eine einzelne Wortform (z.B. Berg) ist innerhalb des Wortformenparadigmas als Bestandteil eines Flexionsparadigmas kategorisiert. Das heißt, sie ist einer Menge von Kategorien, hier den einzelnen Kasus, zugeordnet, z.B. Berg {Nom., Sg}, Berges {Gen., Sg}, Berg(e) {Dat., Sg}. Analog ist auch „Stamm" kategorisiert. Die Kategorien, die für die Wortformen Nominativ, Genitiv usw. sind, heißen im Stammparadigma „Flexionsstammform", „Derivationsstammform" und „Kompositionsstammform". Die jeweiligen Kategorien, die nach Stammformtyp kategorisiert sind, bilden die verschiedenen Stammformen und stellen die grundlegenden Ausgangsformen für die Flexion, Derivation und Komposition dar.

Für den Kernbereich des Normalwortschatzes fallen die Stammformen annähernd ähnlich aus (Fuhrhop 1998:22). So ist die Flexionsstammform *trink* formgleich zu der Derivationsstammform, die Basis in *trinkbar* ist, und zu der Kompositionsstammform *trink*, die das Erstglied z.B. in *Trinkhalm* ist. Im Stammformparadigma stellt sich dies folgendermaßen dar (nach Fuhrhop 1998:23):

Bsp.1: Stammparadigma: *trink*

| | |
|---|---|
| Flexionsstammform | ***trink****-st* |
| Derivationsstammform | ***trink****-bar* |
| Kompositionsstammform | ***trink****-halm* |

Die einzelnen Stammformen stellen die grundlegenden Formen bereit, die Voraussetzung für weitere morphologische Prozesse sind. Die Flexionsstammform ist Grundlage des Wortparadigmas, genauer gesagt Grundlage zum Aufbau der grammatischen Kategorien Nominativ, Genitiv usw. Die Derivationsstammform verbindet sich nur mit Ableitungssuffixen zur Bildung neuer Wörter, und die Kompositionsstammform erfordert als Zweitglied einen Stamm.

Nicht in allen Fällen fallen die Stammformen wie im oben genannten Beispiel formgleich aus. Einen Fall „expliziter Derivationsstammformbildung" stellt im Deutschen die Ableitung aus Ländernamen dar (Fuhrhop 1998:24).

Bsp.2: Stammformen von Ländernamen

| | |
|---|---|
| Flexionsstammform | ***china****-s* |
| Derivationsstammform | ***chines****-isch* |
| Kompositionsstammform | ***china****-kohl* |

Eine weitere Möglichkeit, Derivationsstammformen zu entwickeln, kann durch Zuhilfenahme von Interfixen erfolgen, die als „derivationsstammformbildende Einheiten“ interpretiert werden können (Fuhrhop 1998:24):

Bsp.3: Derivationsstammformbildung mit Epenthesen

| | |
|---|---|
| Flexionsstammform | ***drama***-*s* |
| Derivationsstammform | ***dramat***-*isch* |

In diesem Fall ändert sich durch das Interfix auch der Wortakzent. Bei der Flexionsstammform liegt er auf der ersten Silbe, wohingegen er durch das Interfix bei der Derivationsstammform auf der zweiten Silbe liegt. Da das Interfix *-t* allein keine Akzentverschiebung bewirken kann, nimmt Fuhrhop auch im Hinblick auf vergleichbare Beispiele wie *Pro'blem – problem'atisch* und *Sys'tem – system'atisch* ein Interfix *at* an (Fuhrhop 1998:186).

## 5.2 Stammformbildung der Produktnamen

Betrachten wir im Folgenden die Derivationsstammformen der Produktnamen mit italienischen Suffixen. Vor dem Hintergrund der skizzierten Stammformen des Normalwortschatzes soll untersucht werden, ob die Derivationsstammformen der Produktnamen denen des Normalwortschatzes gleichen oder inwieweit sie von ihm abweichen. Bisher wurde lediglich festgehalten (cf. Kapitel 5.), dass für die Ableitung der genannten Produktnamen – zumindest für die Dreisilber – die erste Silbe übernommen wird, die bei vollvokalisch endender Basis auf einen Konsonanten enden muss. Beginnen wir mit dem Beispiel *Brandino* im Vergleich zu den Stammformen von *Brandenburg*:

Bsp.4: Stammformbildung *brandenburg*

| | |
|---|---|
| Flexionsstammform | ***brandenburg*** |
| Derivationsstammform | ***brandenburg***-*isch* |
| Kompositionsstammform | ***brandenburg***-*pokal* |
| Derivationsstammform PN | ***brand***-*ino* |

Die Derivationsstammform von *Brandino* unterscheidet sich von den Stammformen des Normalwortschatzes dadurch, dass hier auf eine erste Silbe gekürzt wird, wobei der stimmhafte Plosiv [d] der zweiten Silbe beibehalten wird. Rein phonologisch wäre dies nicht nötig, da ebenso gut an *bran-* suffigiert werden kann. Wenn die Form *brandino* vor der ebenfalls möglichen Form **branino* gewählt wird, dann wird hier wohl der transparenteren Form der Vorzug gegeben worden sein. Ob immer größtmögliche Transparenz angestrebt wird, soll die Analyse weiterer Beispiele zeigen:

Bsp.5: Stammformbildung *mandel*

| | |
|---|---|
| Flexionsstammform | ***mandel*** |
| Derivationsstammform | ***mandel**-chen* |
| Kompositionsstammform | ***mandel**-creme* |
| Derivationsstammform PN | ***mand**-ella* |

Auch hier wird an den stimmhaften Plosiv [d] mit *-ella* suffigiert. Transparenz wird dadurch erreicht, dass trotz der Suffigierung und der notwendigen Kürzung das Appellativ morphologisch erhalten bleibt.[24] Zwar wäre eine Form wie **Mandelella* die transparentere Form im Vergleich zu *Mandella*. Störend würden sich nicht nur das native Pseudosuffix *-el,* sondern auch die lautliche Nähe der Schwa-Silbe zur ersten Silbe des Suffixes auswirken. *Mandella* ist zwar vergleichsweise weniger transparent, weist aber die gewünschte prototypische italienische Lautstruktur „Trochäus mit Auftakt“ auf. Ziehen wir zum Vergleich andere Stammformen heran, z.B. die Stammform von *butter* mit der entsprechenden Derivationsstammform des Produktnamens *butella:*

Bsp.6: Stammformbildung *butter*

| | |
|---|---|
| Flexionsstammform | ***butter*** |
| Derivationsstammform | ***butt**-r-ig* |
| Kompositionsstammform | ***butter**-milch* |
| Derivationsstammform PN | ***but**-ella* |

Die Derivationsstammform für die Produktnamenbildung unterscheidet sich von den Stammformen des Normalwortschatzes in zweierlei Hinsicht: Sie ist einerseits auf eine Segmentform (*but*) gekürzt, die der Normalwortschatz als Stammform so nicht vorsieht. Andererseits hat der Wegfall des ambisyllabischen

24 Die Suffigierung mit *-ella* bewirkt, dass aufgrund der Betonung der ersten Silbe des Suffixes die Schwa-Silbe des Basislexems nicht mehr realisiert wird.

Konsonanten Einfluss auf die Qualität des Vokals; aus dem kurzen ungespannten [u] wird ein langer, gespannter Laut. Das „übrig gebliebene" [t] bildet den Anfangsrand der zweiten Silbe, an den mit *-ella* suffigiert werden kann. Möglicherweise wurde aus folgenden Gründen als Derivationsstammform nicht „*butt*" gewählt. Für die Derivationsbasis „*butt*" spricht, dass sie eine transparentere Form als *but* darstellt. Doch wie im vorangegangenen Beispiel *Mandella* wird auch hier nicht die mögliche transparentere Form *buttella,* sondern *butella* gewählt.

Für der Wegfall der Konsonantengemination des [t] der Derivationsbasis können zwei Gründe genannt werden: Erstens wird, unterstützt durch die veränderte Qualität des Vokals [a], ein Output geschaffen, der weit weniger mit *Butter* assoziiert wird, als dies für *Buttella* der Fall ist. Sinnvoll ist das insofern, da *Butella* kein Name für ein Butterstück ist, sondern eine Produktreihe für Milchprodukte benennt. Zweitens schafft der Geminatenwegfall eine weitaus größere Nähe zu der gewünschten italienischen Lautstruktur, der der Vorrang vor einer möglichen transparenteren Form gegeben wird.

Weitere Beispiele sollen die Annahme stützen, dass nicht immer die transparentere Form von zwei möglichen Formen gewählt wird.

Eine vergleichbare Ableitung zu *Butella* liegt bei dem Produktnamen *Apetina* vor, wenn wir von dem naheliegenden Input *Appetit* ausgehen:

Bsp.7: Stammformbildung *appetit*

| | |
|---|---|
| Flexionsstammform | ***appetit****-s* |
| Derivationsstammform | ***appetit****-lich* |
| Kompositionsstammform | ***appetits****-zügler* |
| Derivationsstammform PN | ***apet****-ina* |

Auch hier wird für die Derivationsstammform der Produktnamenbildung unter segmentaler Veränderung die erste Silbe mit dem Onset der zweiten Silbe übernommen. So entsteht auch hier, wie in Bsp.7, durch den Wegfall des ambisyllabischen Konsonanten [p] eine weniger transparente Derivationsstammform *apet* zuungunsten der transparenteren Form **appet*.

Die Bildung der Derivationsstammform *apet* weist auch hier eine Veränderung der Vokalqualität auf; aus dem kurzen ungespannten [a] wird ein langes [a:], so dass auch hier eine der italienischen Lautstruktur entsprechendere Wortform entsteht.[25]

25 Ob die Eigenschaft der Gespanntheit bezüglich der Vokallänge auch für den a-Vokal zutrifft, ist in der Forschung umstritten (vgl. hierzu Ramers 1988)

Doch nicht in jedem Fall werden Derivationsstammformen unter Zuhilfenahme des Onsets der zweiten Silbe gebildet, wie das Beispiel *Scholetta* zeigt.

Bsp.8: Stammformbildung *schokolade*

| | |
|---|---|
| Flexionsstammform | ***schokolade*** |
| Derivationsstammform | ***schokolad**-ig* |
| Kompositionsstammform | ***schokoladen**-tafel* |
| Derivationsstammform PN | ***schol**-etta* |

Auch hier wird zur Bildung der Derivationsstammform für die Produktnamenbildung die erste Silbe des angenommenen Inputs *Schokolade* übernommen. Im Gegensatz zu Beispiel 5 und 6 wird jedoch nicht der Onset der zweiten Silbe zur Suffigierung herangezogen, obwohl dies die mögliche Form **schoketta* ergäbe. Stattdessen wird der Lateral [l] zum Onset der zweiten Silbe.

Offensichtlich wird der „weichere" Lateral wegen seiner Stimmhaftigkeit als Onset vor dem stimmlosen Plosiv [k] bevorzugt. Die Transparenz des Produktnamens bleibt dennoch erhalten, da das [l] den Onset der dritten betonten Silbe im angenommenen Input *Schokolade* bildet, der somit erhalten bleibt.

An einem weiteren Beispiel soll gezeigt werden, dass, wie bereits erwähnt, die Derivationsstammform nicht immer nach größtmöglicher Transparenz gewählt wird. Ziehen wir das Beispiel *Kinella* (Produktname für Kindernahrung) heran, abgeleitet aus dem angenommenen Input *Kind.*

Bsp.9: Stammformbildung *Kind*

| | |
|---|---|
| Flexionsstammform | ***kind**-es* |
| Derivationsstammform | ***kind**-lich* |
| Kompositionsstammform | ***kinder**-wagen, **kinds**-kopf* |
| Derivationsstammform PN | ***kin**-ella* |

In diesem Fall wird nicht die erste Silbe übernommen wie bei *Brandino,* sondern nur drei der vier Segmente, denn phonologisch möglich wäre auch **Kindella.* Mit *Kinella* haben wir somit neben *butella* und *Apetina* eine Wortform, die ganz offensichtlich nicht auf größtmögliche Transparenz hin angelegt ist, auch wenn der Ableitungsprozess dies ermöglicht hätte: Statt der möglichen Formen **Buttella*, **Appetina* und **Kindella* haben wir *Butella, Apetina* und *Kinella.* Erreicht wird dies, indem, wenn möglich, die erste Silbe des angenommenen Inputs so gekürzt wird, dass eine auf Vollvokal endende

Derivationsbasis entsteht, an die suffigiert wird (*Bu.tel.la, A.pe.ti.na, Scho.let. ta, Ki.nel.la*).

Das heißt, in den Fällen, in denen für den deutschen Sprecher transparentere Formen möglich wären, fällt die Wahl auf weniger transparente. Warum dies so ist, wird in Kap. 6 im Rahmen des optimalitätstheoretischen Ansatzes erläutert werden.

Fehlt durch vollvokalischen Auslaut eine Coda, so wird – im Korpus nur mit einem Beleg vertreten – ein epenthetischer Konsonant eingefügt, damit besser mit *-ino* suffigiert werden kann:

Bsp.10: Stammformbildung *blue*

| | |
|---|---|
| Derivationsstammform | ***blu**-ish* |
| Kompositionsstammform | ***blue**-berry* |
| Derivationsstammform PN | ***blue**-d-ino* |

Der Einschub eines epenthetischen Konsonanten zur Derivationsstammformbildung weist Analogien zur italienischen Sprache auf: Die produktiven italienischen Diminutivsuffixe *-ino, -etto, -ello -(u)ol* werden mitunter über eine „allomorphic rule" mit Hilfe der Affrikate [č] suffigiert, die keine bedeutungstragende Rolle spielt (vgl.: *leon – leon-c-ino, distrazione – distrazio-c-ina*) (Dressler/Barbaresi 1994:94).

Für die Stammform der Produktnamenbildung wird nicht der epenthetische Konsonant gewählt, den das Italienische in solchen Fällen vorsieht. Dass statt des zielsprachengerechten [č] der stimmhafte Plosiv [d] genommen wird, mag folgenden Grund haben: Aus phonologischer Sicht ist das [d] für deutsche Sprecher seiner Aussprache nach eindeutiger, im Gegensatz zu der Affrikate [č], die je nach Fremdsprachenkenntnis zwei Aussprachevarianten aufweist, neben der richtigen Aussprache [č] auch die fehlerhafte [ts].

Die Produktnamenbildung ist so „frei", Veränderungen vorzunehmen, die vor dem Hintergrund leichterer oder eindeutigerer Aussprache die besseren Möglichkeiten darstellen, als es die Ausgangssprache vorsieht. Kehren wir zu unseren Ausgangsfragen zurück:

Lassen sich für die Ableitung von Produktnamen mit italienischen Diminutivsuffixen Ableitungsregeln formulieren? Oder anders ausgedrückt: Können spezifische morphologische Operationen ermittelt werden, z.B. Epenthesen, um den gewünschten dreisilbigen Output zu erhalten? Gibt es zudem Unterschiede zwischen drei- und viersilbigen Produktnamen, die die Konstruktion des Inputs betreffen?

Anhand der bisherigen Analyse konnte gezeigt werden, dass sich für die Produktnamenbildung mit italienischen Suffixen folgende Wortbildungsregeln formulieren lassen:

1. Die Basis muss über eine mit C besetzte Coda verfügen, an die mit *-ino, -ella, -ello* usw. suffigiert werden kann. Dies gilt sowohl für die drei- als auch für die viersilbigen Produktnamen (*but-ella, brand-ino, Beukel-ino*).[26]
2. Ist dies nicht der Fall wie bei der vollvokalisch endenden Basis *blue,* wird ein epenthetischer Konsonant eingefügt, so dass die Suffigierung stattfinden kann (*blue - d- ino*).
3. Wenn möglich, wird die erste intakte Silbe des zugrunde liegenden Inputs als Basis übernommen.

Eine Ableitungsregel für die dreisilbigen Produktnamen mit italienischen Suffixen ließe sich dann wie folgt formulieren:

> „Konstruiere eine möglichst intakte erste Silbe aus dem Input so, dass sie auf einen Konsonanten endet, und suffigiere mit *-ino, -ella, -ello*".

Die Basis für die Suffigierung mit Diminutivsuffixen unterliegt bei den dreisilbigen Produktnamen der Bedingung, einsilbig zu sein. Das prosodische Muster und auch die Silbenzahl des zugrunde liegenden Inputs (*Butter, Brandenburg…*) sind deshalb irrelevant, denn es kommen sowohl Einsilber als auch Zwei- und Dreisilber vor (blue, Mandel, Appetit). Die Basis, an die suffigiert wird, muss jedoch erst konstruiert werden, weil an den unveränderten Input nicht in allen Fällen suffigiert werden kann (**butter-ella, *blue-ino*).

Das heißt, die Frage nach dem gewünschten Output wird im Grunde über die Frage nach dem erforderlichen Input gestellt. Hier zeigen sich deutliche Parallelen zur i-Suffigierung, wie Werner in ihrer Analyse belegen konnte (Werner 1996:29ff).[27]

Wenn an dieser Stelle eine Ableitungsregel nur für die Dreisilber angegeben wurde, so deshalb, weil bei den viersilbigen Produktnamen andere Anforderungen an die Basis gestellt werden und sie somit Differenzen in der Ableitung aufweisen.

26 Die gleichen Voraussetzungen gelten für die i-Suffigierung.

27 In ihrer Analyse stellt Werner die Möglichkeit, für die i-Bildungen Ableitungen nach Wieses Modell der ei-Suffigierung zu formulieren, in Frage. Da für die i-Bildung – und das Gleiche gilt auch für die Produktnamenableitung mit italienischen Suffixen – die Basis keine Rolle spielt und für die Ableitung erst geschaffen wird, würde die Angabe über einen „obligatorischen Input" an Aussagekraft verlieren (Werner 1996:31), denn üblicherweise entspricht das Basiswort dem Input einer Wortbildungsregel. Dass Wiese einräumt, den Input für eine Wortbildungsregel erst zu konstruieren, mache die Frage nach einem obligatorischen Input hinfällig. Der Frage nach dem gewünschten Output, so Werner, müsse der nach dem erforderlichen Input vorangehen (Werner 1996:31).

Betrachten wir das Beispiel *Zottarella.* Hier hätte der Herstellername *Zott* als einsilbige Basis mit konsonantischer Koda auch den Produktnamen *Zottella* ergeben können. Worin liegen die Vorteile des viersilbigen Namens *Zottarella* gegenüber *Zottella* und gibt er womöglich Aufschluss über relevante silbisch-rhythmische Merkmale von Produktnamen?

Dem Benennungsmuster *Zottarella* können aufgrund seiner viersilbigen Struktur im Hinblick auf seine semantische Leistung zwei wesentliche Produktinformationen entnommen werden. Es enthält über Analogie einerseits Hinweise zu dem Produkt selbst (Mozzarellakäse) und dem Hersteller *Zott.* Die einsilbige Basis des Herstellernamens mit kurzem ungespanntem Vokal ermöglicht es, unter Zuhilfenahme von *-ar-ella* einen Produktnamen in enger Analogie zur rhythmisch-silbischen Struktur des zugrunde liegenden Produktnamens *Mozzarella* zu schaffen, mit den entsprechenden semantischen Implikationen, die die dreisilbige Struktur so nicht leisten kann.[28] Das enge Ineinandergreifen von semantischer Leistung und Übernahme der silbisch-rhythmischen Lautstruktur kann im Korpus nur im Fall von *Zottarella* nachgewiesen werden.

Für alle viersilbigen Produktnamen gilt jedoch ausnahmslos, dass das prosodische Muster des Suffixes in der Basis wiederholt wird. So entsteht immer ein Viersilber mit zwei trochäischen Füßen: *Béukelíno, Móntelíno, Zóttarélla.*[29]

Die Übernahme von zwei Silben der Basis erhöht darüber hinaus die Transparenz des Produktnamens; dass *Beukelino* auf den Hersteller *de Beukelaer* hinweist, vermittelt *Beukelino* besser als z.B. **Beukino*, wo nur die erste Silbe der Basis übernommen wird.

Für die viersilbigen Produktnamen mit italienischen Diminutivsuffixen müsste eine Ableitungsregel folgendermaßen formuliert werden:

„Konstruiere eine zweisilbige trochäische Basis und suffigiere mit *-ino. -ella, -ello* usw.“

---

28 Bestimmte Suffixe mit morphematischem Charakter können paradigmenbildend zur Kennung bestimmter Produktbereiche dienen, wie Platen an den Beispielen *Cambozola, Danozola, Osterzola* belegen konnte. Dem Suffix *-zola* kommt dabei die Bedeutung „Käse nach Gorgonzola-Art“ zu (Platen 1997:82).

29 Für die Imitation erfolgreicher Produktnamen konnte Ronneberger-Sibold am Beispiel des Produktnamens *Persil* und in Anlehnung daran geplanter Produktnamen nachweisen, dass weder die Anzahl der übernommenen Phoneme noch das Suffix allein relevanter Merkmalsträger der Analogiebildung sind. Wesentliche Bedeutung kommt vielmehr der gesamten rhythmischen Lautgestalt zu, erst dann dem Nukleus und der Coda der betonten Silbe (Ronneberger-Sibold 2001:444–445).

## 5.3 Zusammenfassung

Die exemplarischen Untersuchungen der einzelnen Stammformen haben verdeutlicht, dass die Produktnamenderivation verschiedene, aber doch eng begrenzte Möglichkeiten der Stammformbildung aufweist. Über die in Kap. 5.2 formulierte Ableitungsregel „Konstruiere eine möglichst erste Silbe aus dem Input so, dass sie auf einen Konsonanten endet, und suffigiere mit *-ello, -ella, -ino* usw.“ kann nicht hinausgegangen werden. Der Konsonant, an den suffigiert wird, ist dabei in den meisten Fällen der Onset der zweiten, seltener der der dritten Silbe (*Apet-ina, But-ella, Brand-ino, Beukel-ino, Mand-ella*).

Über diese für alle Produktnamen geltende Regel können weitere Regularitäten kaum formuliert werden. Fassen wir an dieser Stelle die für die Stammformbildung notwendigen morphologischen Operationen noch einmal zusammen, um Analogien und Differenzen der Stammformbildung von Produktnamen im Vergleich zum Normalwortschatz herauszustellen.

Die Stammformbildung des Normalwortschatzes erfolgt über die folgenden Bildungsarten: Durch Formgleichheit, d.h. Flexions-, Derivations- und Kompositionsstammform gleichen sich wie z.B. bei *trink,* durch das Hinzufügen von Elementen (*dramatisch*), durch Ersetzung von Segmenten (*china, chines*) und schließlich durch Modifikation von Um- und Ablaut (*mann- es, männ-lich*).

Im Normalwortschatz dienen z.B. Fugenelemente zur Bildung von Kompositionsstammformen (*Freiheitsdrang*), Interfixe der Bildung von Derivationsstammformen (*dramatisch*). Fugenelemente erscheinen dabei unsystematisch, wie in *Kindskopf, Kinderwagen, Kindesbeine.* Unsystematisch erscheinen auch Interfixe bei der Bildung von Bewohnerbezeichnungen aus Ländernamen wie *Brasili-an-er, Ind-er, Algeri-er.*[30]

Die untersuchten Produktnamen lassen bestimmte Gemeinsamkeiten in der Stammformbildung erkennen. Ihre Stammformen bestehen im Vergleich zum Normalwortschatz immer aus gekürzten Segmenten, zumeist der ersten Silbe des angenommenen Inputs. Der konsonantische Onset der zweiten Silbe bildet dabei häufig den notwendigen konsonantischen Onset der Pänultima, damit kein Hiat vor vokalisch anlautenden Suffixen entsteht. Die Produktnamen bilden daher

30 Insofern bilden sie Grenzfälle morphologischer Einheiten, da sie zunächst funktionslos und ihrem Auftreten nach unsystematisch erscheinen (Fuhrhop 1998:2).

Stammformen, die der Normalwortschatz so nicht zulässt, operieren sie doch auf der Basis von Segmentformen (z.B. *but-, brand-, schol-, kin-, usw.*), die keine Stämme sind.

Dennoch ist die Produktnamenbildung, das konnte die Produktnamenderivation zeigen, keineswegs regellos oder chaotisch. Ihr Anderssein besteht jedoch darin, Strukturen zu favorisieren, die in der Standardsprache nicht möglich sind. So ist es möglich, Derivationen auf der Basis eigener Stammformen vorzunehmen, die Formen wie *Brandino, Sanella* oder *Butella* entstehen lassen.

In Kap. 5.2 konnte gezeigt werden, dass sich die Ableitung von Produktnamen mit Hilfe italienischer Suffixe über eigene Derivationsstammformen vollzieht und der Ableitungsprozess selbst spezifischen Regeln unterliegt.

Die Ableitung von Produktnamen ist somit durch Eigenschaften gekennzeichnet, die die Derivation des Normalwortschatzes so nicht vorsieht. Innerhalb der Wortbildung stellt die Produktnamenderivation einen Sonderfall dar, denn ganz offensichtlich liegt hier ein eigenes Wortbildungsverfahren vor: So können natürlich sprachliche nicht-native Suffixe an künstliche oder künstlich gekürzte Basen treten (*Dan-ino, But-ella*). Ein wesentliches Charakteristikum der Produktnamenderivation ist somit ihre Fähigkeit, eigene Derivationsbasen zu bilden, an die suffigiert wird.

Die Analyse konnte zeigen, dass der Ableitungsprozess unter formalem Aspekt dabei keineswegs linguistischer Anarchie unterliegt, vielmehr ist es möglich, bestimmte Ableitungsregeln zu formulieren. Die Ableitungsbasis bildet immer die erste Silbe oder Segmente der ersten Silbe des angenommenen Inputs, der so geschaffen sein muss, dass an eine mit C besetzte Coda suffigiert werden kann, um die gewünschte dreisilbige Form mit trochäischem Fußmuster zu erhalten. Insofern handelt es sich um eine output-orientierte Derivation, für die der erforderliche Input erst geschaffen werden muss. Die Struktur des Outputs wird dabei über den erforderlichen Input bestimmt.

Die bisherige Untersuchung konnte zwar spezifische Charakteristika der Produktnamenderivation klären, dennoch stellt sich in diesem Zusammenhang die Frage, warum bei *But-ella* oder *Kin-ella* auf die vollständige Übernahme der ersten Silbe des zugrunde liegenden Inputs verzichtet wird. Genauer gesagt, konnte bisher noch nicht beantwortet werden, warum ausgerechnet die eben genannten Formen realisiert werden, da doch auch konkurrierende Formen wie **Kindella*, oder **Buttella* möglich wären, die sich zudem durch transparentere Formen auszeichnen.

Um diese Frage zu beantworten, werden wir daher einige Produktnamen im Rahmen der Optimalitätstheorie (OT) untersuchen.

Die OT, wie sie Prince und Smolensky (1993) und McCarthy und Prince (1993) entworfen haben, ist eine Theorie über „Interaktionen grammatischer Prinzipien" (Kager 1999:Xii, Übersetzung der Verf.), die als konfliktregulierende universelle Beschränkungen Grammatikalitätsurteile über die Output-Formen einer Sprache fällt.

Die Anwendung der OT auf die Produktnamenbildung erscheint aus folgenden Gründen sinnvoll:

Konstatiert wurde, dass Produktnamen andere Strukturen als die Standardsprache realisieren können, wie z.B. Abweichungen bei der Derivation. Darüber hinaus müssen sie außersprachlichen Kriterien genügen: Genannt wurden hier sprachliche Auffälligkeit, Werbe- und Appellfunktion sowie in besonderem Maße die Forderung, auch international einsetzbar zu sein. Inwieweit Produktnamen im Hinblick auf diesen Anforderungskatalog Differenzen zur Standardsprache aufweisen und ob sie in ihrem Anderssein nicht sogar sprachliche Optimierungen darstellen, ist ein Untersuchungsaspekt, der über den OT-Ansatz analysiert werden soll. Der Vorteil der OT liegt darin, dass über die Beschränkungen der OT konkurrierende sprachliche Anforderungen erfasst werden können. Produktnamen sind in besonderem Maße durch sprachliche Anforderungen geprägt, die in Konkurrenz zueinander stehen und die über die OT differenzierter erfasst werden können als z.B. allein über die Präferenzgesetze, wie sie von Vennemann (1988) formuliert wurden.

Anhand der verschiedenen phonologisch und prosodisch konstituierten Beschränkungen lässt sich erklären, warum statt einer möglichen Form wie **Kindella* die Form *Kinella* realisiert wird.

Genauer gesagt, lässt sich erklären, warum diese eine Form unter silbenphonologischen und morphologischen Aspekten optimaler als andere Formen ist und wie die Beschränkungen hierfür hierarchisiert sind. Vor der eigentlichen Analyse soll der OT-Ansatz zunächst vorgestellt werden.

# 6. Der optimalitätstheoretische Ansatz

Die OT wurde im Rahmen der Phonologie von Alan Prince und Paul Smolensky (1993) entwickelt. Ausgangspunkt ist die Überlegung, wie grammatische von ungrammatischen Formen unterschieden werden können. Ein Grundgedanke der OT liegt in der Annahme, dass Sprachen allgemein ein System konfligierender Kräfte sind (Kager 1999:4). Diese Kräfte werden durch Beschränkungen („Constraints") verkörpert, die bestimmte Anforderungen an grammatische Formen stellen. Die Beschränkungen konfligieren untereinander insofern, als die Einhaltung einer Beschränkung die Verletzung einer anderen implizieren kann (Kager 1999:4).

Der Evaluationsmechanismus der OT basiert auf einem hierarchischen Ranking von Constraints, innerhalb dessen höher gerankte Constraints Priorität vor niedrig gerankten Constraints haben. Die „Hauptkräfte", die den fundamentalen Konflikt darstellen und auf denen die Constraints basieren, sind *markedness* (Markiertheit) und *faithfullness* (Treue) (Kager 1999:4f.). Von Bedeutung ist dabei, dass die Constraints keine absolut geltenden Regeln darstellen, sondern prinzipiell verletzbar sind. Für sie gelten folgende Eigenschaften:

*Universalität*: Die Constraints sind universell.
*Verletzbarkeit*: Die Constraints können verletzt werden.
*Hierarchie*: Die Constraints sind je nach Sprache hierarchisch geordnet.

Eine wesentliche Annahme der OT ist, dass eine sprachliche Form dann optimal ist, je weniger Verletzungen sie innerhalb der konfligierenden Constraints aufweist. Die selektive Evaluation wird dabei folgendermaßen entwickelt: Für jede zugrunde liegende Repräsentation, den sog. *Input,* wird eine Reihe von möglichen Realisierungen korrespondierender Formen, sog. *Outputformen,* erzeugt und mit dem Input verglichen. Evaluiert werden die Outputformen über die hierarchisch gerankten Constraints. Der optimale Kandidat wird dann anhand dieser Constraints ermittelt. Verglichen werden dabei z.B. Korrespondenzen wie die zwischen Singular- und der entsprechenden Pluralform oder Korrespondenzen zwischen einem underivierten Stamm und einer derivierten Ableitung.

Die OT-Evaluierungsprozesse werden üblicherweise in Tabellenform dargestellt, in der die Kandidaten miteinander verglichen werden. Die Bewertung der Kandidaten lässt sich wie in T1 darstellen:

*Tab. 1:*

| | **Input** | **A** | **B** | **C** |
|---|---|---|---|---|
| ☞ | Kand 1 | | * | * |
| | Kand 2 | *! | | |

Die Inputform steht immer links oben in der Tabelle. A, B und C stehen dabei für die Constraints. Ihre Anordnung von links nach rechts entspricht ihrer Gewichtung im Evaluierungsprozess, d.h. die Reihenfolge der Constraints von links nach rechts gibt die Dominanzverhältnisse der Constraints wieder. Beschränkung A dominiert Beschränkung B und diese dominiert C.

Die Beschränkungen können auch gleichrangig sein. Dies wird dann mit einer gestrichelten Linie dargestellt. Die Verletzung einer Beschränkung wird mit einem Stern * gekennzeichnet, wiegt die Verletzung schwer, wird dies mit dem Stern und einem Ausrufezeichen dargestellt.

Das Handsymbol ☞ markiert dagegen den optimalen Kandidaten. In T1 erfüllt Kandidat 1 Beschränkung A, verletzt aber B und C. Kandidat 2 erfüllt B und C, verletzt aber A. Beschränkung A ist innerhalb der drei Beschränkungen höher gerankt als B und C. Die Entscheidung über den optimalen Kandidaten wird deshalb von A getroffen, da diese B und C dominiert.

Der „most harmonic" Kandidat (Kager 1999:8) ist dann derjenige, der die anderen dominiert, und zwar insofern, als er im Idealfall keine Verletzungen bewirkt. Dennoch kann auch der optimale Kandidat Verletzungen aufweisen; sie sind jedoch dann erlaubt, wenn er gegen niedrig gerankte Constraints verstößt. Höher gerankte Constraints müssen in jedem Fall erfüllt werden. Kontrolliert werden die Kandidaten also über den Grad der Verletzungen; die beste Erfüllung ist über eine minimale Verletzung erreicht. Der Kandidat, der diesem Beschränkungssystem am besten entspricht, ist dann der *optimale* Kandidat, und wäre dann der Output, den die Grammatik auswählt.

Die Verletzung eines hierarchisch höher gerankten Constraints impliziert immer einen höheren „Preis" als die Verletzung eines niedrig gerankten. Verletzungen von Constraints wird dabei fast jeder Output-Kandidat aufweisen, und zwar deshalb, da Constraints per se konfligierende Anforderungen beinhalten.

## 6.1 Die Constraints – universal und verletzbar

Die Constraints, nach denen die Kandidaten evaluiert werden, sind nach Kager (1999:9) folgendermaßen definiert: Ein Constraint ist eine „strukturelle Anforderung", (Übersetzung der Verf.), die entweder erfüllt oder verletzt werden kann. Auf dieser binären Form beruht die Evaluierung der Output-Kandidaten. In der OT werden zwei Typen von Beschränkungen unterschieden:

1. Treuebeschränkungen („faithfullness constraints")
   Diese fordern, dass die Outputformen Eigenschaften ihrer lexikalischen Basisform bewahren, d.h. Merkmale der Inputform müssen in der Outputform erhalten bleiben. Konkret lauten die Forderungen wie folgt (Kager 1999:10):
   a) Der Output muss alle Segmente des Inputs aufweisen, das heißt, es darf keine Tilgung von Segmenten vorgenommen werden (Max-IO = keine Tilgung).
   b) Der Output muss die lineare Abfolge der Segmente bewahren (Linearity = keine Metathese).
   c) Der Output darf keine zusätzlichen Segmente im Vergleich zum Input aufweisen (Dep-IO = keine Epenthese).
   d) Input und Output müssen für bestimmte phonologische Merkmale gleiche Werte aufweisen (Ident F).

Von einem funktionalen Gesichtspunkt aus betrachtet, begrenzen die Treuebeschränkungen die Distanz zwischen Input und Output, indem sie die lautliche Variabilität (*shape variability*) lexikalischer Items einschränken (Kager 1999:10). Mit dieser Forderung nach Morphemkonstanz ist die Forderung nach transparenten Formen verbunden, die möglichst leicht zu identifizieren sind (z.B. Umlautung vermeiden) und keine wesentlichen Änderungen zu der Basisform aufweisen, denn „Basis-identity is a priority of language" (Kager 1999:413).

Demgegenüber stehen 2. die Markiertheitsbeschränkungen oder Wohlgeformtheitsbeschränkungen („markedness Constraints"). Diese verlangen von den Outputkandidaten grundsätzlich eine strukturelle Wohlgeformtheit. Diese kann phonologische oder prosodische Strukturen betreffen. Beispiele für diese Beschränkungen lauten wie folgt (Kager 1999:9):

a) NoCoda: Silben dürfen keine Koda haben. Dieser Constraint fordert, dass Silben nicht mit einem Konsonanten enden, sondern offen sind.
b) ONSET: Silben müssen Onsets haben. Dieser Constraint fordert, dass Silben nicht mit einem Vokal beginnen dürfen, sondern mit einem Konsonanten.
c) Obstruenten sind in Kodaposition nicht stimmhaft.

Eine weitere Beschränkung, wie sie bei Prince & Smolensky (1993) formuliert wird, ergänzt diese Beschränkung um die Forderung, dass Silben keinen komplexen Anfangsrand haben sollen, der Silbenanfangsrand wird bevorzugt mit einem einfachen Konsonanten besetzt. Dieser Constraint wird folgendermaßen definiert:

d) (NoComplexOnset) Silben haben keinen komplexen Ansatz

Es werden also Beschränkungen formuliert, die eine universale Tendenz der Sprachen für die Silbenstruktur ausdrücken.

So werden offene Silben universal präferiert. Diese Präferenz ist artikulatorisch begründet, denn Kodakonsonanten werden tendenziell nicht realisiert, vor allem dann nicht, wenn ihnen noch ein Konsonant vorangeht (Kager 1999:94). Insofern fordern die Markiertheitsbeschränkungen die Realisierung unmarkierter Formen, seien es phonologische Strukturen oder bestimmte Segmente in spezifischen Positionen wie in c).

Die Constraints sind darüber hinaus durch zwei wesentliche Aspekte gekennzeichnet. Sie stellen „universale“ und zugleich „verletzbare“ Anforderungen an bestimmte sprachliche Outputformen. Dass Constraints universal sind, basiert auf der Annahme, dass sie – so Kager (1999:11) Teil der UG und damit Teil der Grammatik aller Sprachen sind. Das heißt jedoch nicht, dass alle Constraints in allen Sprachen gleich aktiv sind. Wenn z.B. ein Constraint in einer Sprache nie verletzt wird, heißt das nicht, dass er in einer anderen Sprache auch nicht verletzt wird. Diese enge Interpretation muss – so Kager (1999:11) – demnach relativiert werden. “Universal“ meint z.B. im Rahmen phonologischer Markiertheitsbeschränkungen, dass ein Constraint in bestimmten Strukturen ganz verschiedener Sprachen auftaucht. Phonologische Markiertheitsbeschränkungen können dabei auf sprachübergreifenden Eigenschaften der Artikulation oder Perzeption basieren. So sind Silben mit Onset und ohne Koda universal leicht zu artikulieren (Vennemann 1988:21).

Die zweite Annahme besagt, dass Constraints generell verletzt werden können. Dennoch darf kein Constraint „ohne zwingenden Grund“ verletzt werden. Der Grad der Schwere der Verletzung richtet sich nach der Hierarchie der Constraints, die sprachspezifisch gerankt ist. Das heißt, die Constraints sind nicht gleich gewichtet; die Verletzung höher gerankter Constraints wiegt immer schwerer als die niedrig gerankter Constraints. Die „strict domination“ (Kager 1999:22) besagt folglich, dass die Verletzung höher gerankter Constraints auch nicht durch die Erfüllbarkeit niedrig gerankter Constraints ausgeglichen werden kann (Kager 1999:22).

## 6.2 Analyse der dreisilbigen Produktnamen im Rahmen der OT

Kommen wir auf unseren Untersuchungsgegenstand zurück. Wollen wir die OT auf die dreisilbigen Produktnamen anwenden, um Urteile darüber zu fällen, inwieweit sie eine sprachliche Optimierungsdomäne darstellen, so müssen zunächst die hierfür relevanten OT-Beschränkungen definiert werden. Diese Definition muss sich dabei an bestimmten Charakteristika der Produktnamen orientieren, von denen folgende belegt werden konnten:

Die dreisilbigen Produktnamen zeichnen sich durch eine Präferenz für einfache Silbenränder und offene Silben aus (siehe Kap. 3.4.2). Diese lässt sich mit den Markiertheitsbeschränkungen, die die OT bereitstellt, erfassen, d.h. die Beschränkungen *ONSET* und *NoCoda* können als hoch gerankte Beschränkungen gelten. Für die untersuchten dreisilbigen Produktnamen sind demnach folgende Beschränkungen hoch gerankt: Neben *ONSET*, *NoCoda* noch *NoComplexOnset*, da eine offene Silbe vor allem am Wortanfang und -ende präferiert wird (z.B. *Sanella, Butella, Duetta*). Mit der Tendenz zu *NoCoda*, die durch Suffigierung mit den italienischen Suffixen gegeben ist, erfüllen die dreisilbigen Produktnamen wie z.B. *Danino* noch einen weiteren funktionalen Aspekt. Offene Silben erleichtern die Artikulierbarkeit und Perzipierbarkeit. Je geringer die Schallfülle eines Wortes ist, umso leichter kann es überhört werden, je größer sie ist, umso leichter ist die lautliche Wahrnehmbarkeit. Im Hinblick auf die werbende Funktion von Produktnamen spielt dies zumindest dann eine Rolle, wenn für sie z.B. in Werbespots geworben wird. Der Beitrag einzelner Laute zur Schallfülle richtet sich dabei nach ihrem Sonoritätsgrad, der sich auf eine bestimmte lautliche Relationierung innerhalb einer sog. *Sonoritätshierarchie* bezieht. Sie stellt eine „übergreifende Ordnung" für die Laute aller Sprachen dar (Eisenberg 1989/2000) und gestaltet sich wie folgt:

Stärkeskala (CS-Skala):

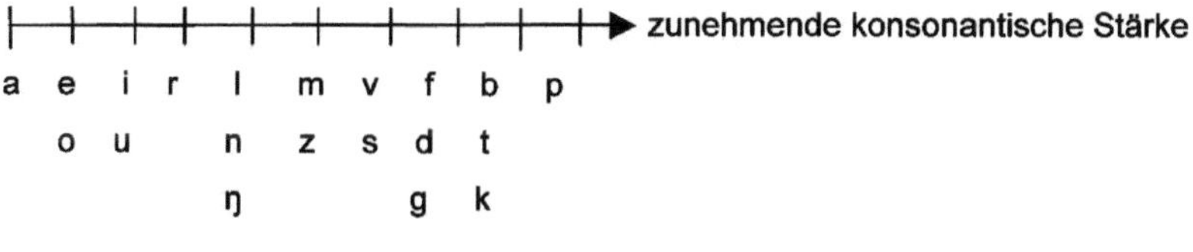


Stärkeklassen:

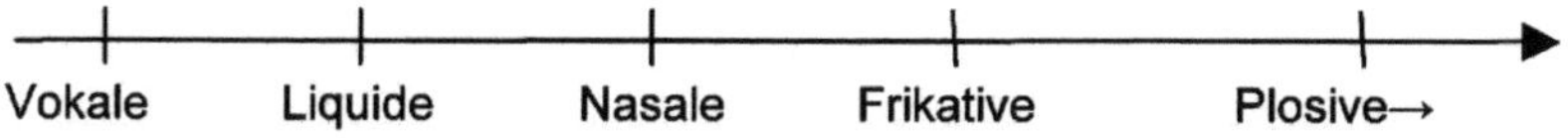


(nach Vennemann 1982)

In der Stärkeskala sind die Laute von links nach rechts nach zunehmender konsonantischer Stärke angeordnet. Die geringste konsonantische Stärke weisen die Vokale auf, die höchste konsonantische Stärke dagegen die Plosive. Die CS-Skala ist somit eine Umkehrung der Sonoritätshierarchie:

(Eisenberg 1998/2000:103)

Weitere Eigenschaften der dreisilbigen Produktnamen betreffen die rhythmische Gestalt. Alle Produktnamen sind ihrer prosodischen Struktur nach trochäisch, werden also auf der Pänultima betont. Dem Betonungsmuster „betont – unbetont“ gehen dabei eine Silbe oder, in seltenen Fällen, zwei Silben voraus. Realisiert wird in den Produktnamen eine prosodische Struktur, die für das Deutsche dominant ist und als „das Substantivmuster“ gilt (Eisenberg 1991:47). Substantive, die aus einer betonten Silbe und einer Schwasilbe bestehen, bilden mit dem Trochäus den „unmarkierten Fuß des Deutschen“ (Féry 1997).

Die untersuchten dreisilbigen Produktnamen sind stringent auf den trochäischen Fuß festgelegt, d.h. ihre Struktur ist prosodisch vorgegeben, und zwar insofern, als die Suffixe *-ella, -ello, -ino* etc. allein diese rhythmische Struktur per se für alle Produktnamen ausnahmslos vorgeben. Wir können dementsprechend die Beschränkung *TrFuß*, die die OT für das trochäische Fußmuster definiert, als hoch gerankt ansehen. Hier liegt ein wesentlicher Unterschied zu den sogenannten *i*-Bildungen, den Wortbildungsmustern mit teils abschätziger, teils verkleinernder Nuance. Hier führt die Derivation mit *i* dazu, dass das Suffix die gesamte Wortstruktur prosodisch auf den Trochäus festlegt (‚*Studi*‘, ‚*Wessi*‘), d.h. er wird durch die Derivation erst gebildet, ungeachtet der Akzentstruktur der Basislexeme, die der *i*-Bildung zugrunde liegen (Féry 1997). Bei den italienischen Suffixen ist er durch die Suffixe selbst gegeben.

Anhand der Analyse im Rahmen eines optimalitätstheoretischen Ansatzes soll im Folgenden gezeigt werden, inwieweit die dreisilbigen Produktnamen, die unter Verwendung italienischer Suffixe entstanden sind, ein spezifisches Zielschema erfüllen, d.h. inwieweit sie mit z. T. aufwendigen Wortbildungsprozessen outputorientierte synchron optimierte Formen darstellen.

Vor der eigentlichen Analyse sei noch eine Bemerkung zur Auswahl der konkurrierenden Kandidaten vorangestellt: Alle im Datenmaterial vertretenen Produktnamen, die unter Verwendung italienischer Suffixe gebildet sind, weisen ein bestimmtes Konstruktionsprinzip auf, das nie verletzt wird und insofern kein „Ausschlussprinzip“ darstellen kann. Alle beginnen entweder mit der angenommenen einsilbigen Vollform (*Bluedino, Cornetto*), oder – wie in den meisten Fällen – mit der ersten Silbe des angenommenen Inputs (*Brandino* > Brandenburg, *Scholetta* > Schokolade) oder den ersten beiden Silben (*Beukelino* > Beukelaer). Für die Evaluierung der möglichen konkurrierenden Kandidaten kann generell z.B. der folgende mögliche Kandidat von vornherein ausgeschlossen werden: **Andino* statt *Brandino*. Da kein Produktname mit einer initialen fragmentierten Silbe beginnt, werden solche möglichen Kandidaten von vornherein ausgeschlossen, weil sie keine konkurrierenden Bildungsmuster darstellen.Die Evaluierung soll zunächst an dem Produktnamen *Brandino* vorgenommen werden, wobei die Input-Output-Beziehung als die zwischen einer angenommenen Basisform und dem Produktnamen verstanden wird. Die Anordnung der Beschränkungen entspricht dabei ihrer Gewichtung in der Evaluierung. Der optimale Kandidat ist mit dem Symbol ☞ gekennzeichnet.

*Tab. 2: Brandino*

| | **Brandenburg+ino** | **Tr Fuß (Auftakt)** | **Onset** | **No Comp Ons** | **No Coda** | **Ident-IO-V** | **MAX** |
|---|---|---|---|---|---|---|---|
| ☞ | a)Bran.'di.no | | | | | | ****** |
| | b)Bran.den.bur.'gi.no | * | | * | *** | | |
| | c)Bra.'i.no | | *! | * | | * | ******** |

In T2 werden zunächst die Wohlgeformheitsbeschränkungen *TrFuß*, *Onset*, *NoCompOns* und *NoCoda* angenommen, da die dreisilbigen Produktnamen stringent auf diesen Fuß festgelegt sind. Von den Treuebeschränkungen werden noch *Ident-IO-V* und *MAX* berücksichtigt. *MAX* ist am niedrigsten gerankt, da dies als Output eine Form verlangen würde, die eine exakte Kopie des Inputs wäre wie Kandidat b).

Der optimale Kandidat nach dieser Evaluierung in T2 ist Kandidat a) *Brandino*. Er verstößt weder gegen die hoch gerankte Beschränkung *TrFuß*, *Onset* und weist im Hinblick auf *NoCoda* weniger Verstöße auf als Kandidat b) *Brandenburgino*.

Kandidat c) *Braino* verstößt gegen *Onset*, da die zweite Silbe keinen *Onset* aufweist und gegen *Ident-IO-V*, da sich durch den Wegfall der Coda der ersten Silbe die Vokalqualität von ungespannt zu gespannt ändert. Kandidat b) *Brandenburgino* verstößt gegen die hochgerankte Beschränkung *TrFuß* (*Auftakt*) sowie gegen *NoCoda* und erfüllt lediglich die niedrig gerankte Beschränkung *MAX*.

Silben können nicht beliebig lang sein, sondern sind an ein bestimmtes Längenmaß gebunden, das zwischen Silbenkern und -endrand stattfindet (Eisenberg 1998/2000:117). Eine Silbe mit leerem Endrand hat in der Regel einen gespannten Vokal, eine Silbe mit komplexem Endrand dagegen einen ungespannten. Dem entspricht die Aufteilung in zwei Moren mit der More als der Grundeinheit des

Silbengewichts (Auer 1991). Die Forderung an Silbenreime sieht zwei Moren vor, weswegen Vokale in offenen Silben gespannt sind, in geschlossenen Silben dagegen ungespannt.

Die Evaluation lässt dennoch entscheidende Fragen offen. So kann sie nicht erklären, warum die erste Silbe des Inputs übernommen wird und die zweite und dritte Silbe wegfallen.

Es müssen also weitere Beschränkungen angeführt werden, um *Brandino* korrekt zu erfassen, denn bisher konnte noch nicht ermittelt werden, warum *Brandino* der optimale und realisierte Kandidat ist.

Was bisher noch nicht erfasst wurde, ist die silbische Struktur.

Betrachten wir zunächst, welche Silben oder Segmente in den Output übernommen werden. Auf die Relevanz der ersten Silbe wurde bereits hingewiesen; es gibt keinen Output, dessen wortinitiale Silbe nicht mit dem des Inputs übereinstimmt. Die Übernahme der ersten Silbe ist unabdingbar, was am Beispiel *Brandino* erläutert werden soll. Betrachten wir zunächst die in den Output eingehenden Segmente oder Silben. Im Falle von *Brandino* wird nicht nur an die erste Silbe *Bran-* suffigiert, was durchaus möglich wäre, da an *Bran-* problemlos suffigiert werden kann. Erhalten bleibt vielmehr *Brand-*, während die mediale Silbe, bis auf den Onset, und die letzte Silbe getilgt werden. Die Tilgung kann offensichtlich in Kauf genommen werden, solange *Brand-* im Output kopiert wird. Soll der Output transparent sein, ist es nötig, die erste Silbe des Inputs zu erhalten. In unserem Falle wird dabei nicht nur die erste Silbe kopiert, denn das wäre nur *Bran-*. Kopiert wird die erste Silbe und der Ansatz der zweiten Silbe, so dass ein identifizierbares Morphem *Brand-* erhalten bleibt. Somit wird auch deutlich, warum der aus optimalitätstheoretischer Sicht optimale Kandidat *Branino* (s.Tabelle 3) nicht präferiert und nicht realisierter Produktname wurde.

Vor diesem Hintergrund lässt sich auch erklären, warum im Fall von *Brandino* die zweite und dritte Silbe des angenommenen Inputs *Brandenburg* getilgt werden und nicht die erste. Das Toponym *Brandenburg* weist seiner Morphemstruktur nach zwei Morpheme auf, die für sich genommen identifizierbare Appellative darstellen: *Brand* (*en*) und *Burg*. Diachron lässt sich dieses Toponym – wie viele Siedlungsnamen – auf eine zugrunde liegende Bedeutung zurückführen, wobei hierfür der historische Kontext bekannt sein muss. So bedeutet *-burg* im Germanischen „befestigter Ort“. Synchron sind die appellativen Strukturen zwar noch sichtbar, die Kombination der Morpheme selbst ergibt keinen Sinn und lässt keine Beziehung zum Referenten erkennen. Hier liegt zwar eine formal bestehende morphotaktische Transparenz vor, jedoch keine morphosemantische.

Diese Art von Toponymen, in der das letzte Morphem ein Appellativum ist, ist häufig vertreten, neben *-burg* (*Altenburg. Brandenburg, Oldenburg*) sind *-stadt* (*Albstadt, Neustadt*) oder *-kirch* bzw. *kirchen* (*Neukirch, Euskirchen*) frequente Appellative oder von Appellativen abgeleitete Formen.

Das erste Element dieser Toponyme kann dagegen opak (Mecklenburg, Hindenburg Oldenburg) oder transparent sein (Altenburg, Falkenburg, Friedeburg, Hohenburg).

Allen genannten Toponymen sind jedoch folgende Eigenschaften gemeinsam:

- Von ihrer Akzentstruktur sind alle Toponyme Daktylen und weisen so folgendes Akzentmuster auf: { T, --, --}
  'Brandenburg, 'Altenburg, 'Oldenburg.....
- Sie sind zweitens durch sog. „Expansionen" gekennzeichnet, in den genannten Beispielen durch *-en* Epenthesen am Erstelement:

Die opaken Erstelemente Meckl(en)-, Old(en)-, Hind(en)- und in unserem Beispiel Brand(en)- sind die einzigen Differenzierungen innerhalb der Wortform und haben so differenzierende Funktion. Sie können verglichen werden mit den sog. unikalen Morphemen wie Brombeere, Himbeere), die sich etymologisch erklären lassen, synchron aber nicht mehr analysierbar sind. Der Erhalt von *Brand-* im vorliegenden Beispiel hat somit vor allem strukturbewahrende Funktion.

*Tab. 3: Brandino*

| | **Brandenburg+ino** | **CONT (1.Silbe)** | **TrFuß (Auftakt)** | **Onset** | **NoCoda** | **MAX** |
|---|---|---|---|---|---|---|
| ☞ | a) Bran.'di.no | | | | * | ****** |
| | b) Bra.'ni.no | * | | | | ******* |
| | c) 'Ban.de.'ni.no | * | * | | * | ***** |
| | d) 'Bra.i.no | * | * | * | | ******** |

Durch die Hinzunahme des Constraints *CONT(1.Silbe)* geht *Brandino* somit als optimaler Kandidat aus der Evaluierung hervor.

Die Treuebeschränkung *CONTIGUITY* besagt, dass der Teil der Vollform, der in den Output übernommen wird, eine kontinuierliche Kette bildet:

*CONTIGUITY*: Das Stück von S1 (Vollform), das in Korrespondenz steht, bildet eine kontinuierliche Kette. (Féry 1997:477).

Der einzige Verstoß von Kandidat a) ist der gegen *NoCoda* und *MAX*, die jedoch von allen anderen Beschränkungen dominiert werden. Im Hinblick auf die

Treue- und Wohlgeformtheitsbeschränkungen ergibt sich für die Suffigierung der Basisform *Brandenburg* mit dem Suffix *-ino* folgende Hierarchie:

Es ist offensichtlich wichtig, dass die erste Silbe übernommen wird und keinerlei Veränderungen erfährt, was auf Kosten der Transparenz ginge.

Am höchsten gerankt ist offensichtlich die Forderung nach *CONT* (*1.Silbe*), gefolgt von *TrFuß* (*Auftakt*).

Niedrig gerankt ist dagegen die Treuebeschränkung *MAX*, die Forderung nach einer 1:1-Entsprechung von Input und Output. Das heißt, die zweite und dritte Silbe des Outputs können nicht übernommen werden, denn eine Kopie der Basisform würde nur die niedrig gerankte Beschränkung *MAX* erfüllen. Für die Suffigierung des Inputs *Brandenburg* mit *-ino* ergibt sich folgende Hierarchie: Wesentlich ist, dass die Beschränkung *MAX*, die die Tilgung von Segmenten untersagt, von der Forderung nach *CONT*(*1.Silbe*) und *TrFuß* (*Auftakt*) dominiert wird. So ergibt sich für die Produktnamenbildung (PN) mit der Suffigierung mit *-ino* folgende Beschränkungshierarchie:

PN + (*-ino*): *CONT* (1.Silbe) >> *TrFuß* (*Auftakt*) >> *Onset* >>*MAX* (Input-Output). Im Folgenden ist zu untersuchen, ob das für die Suffigierung ermittelte Ranking auch für andere Suffigierungen zutrifft. Als Beispiel wird in Tab. 4 *Butella* herangezogen; der angenommene Input ist *Butter* + -ella.

*Tab. 4: Butella*

| | **Butter +ella** | **CONT (1.Silbe)** | **Tr Fuß (Auftakt)** | **Onset** | **Ident-IO-V** | **Align R-St-σ** | **Align -L-Sf σ** | **MAX** |
|---|---|---|---|---|---|---|---|---|
| ☞ | a) Bu.'tel.la | | | | * | * | * | *** |
| | b) 'But.te.'rel.la | | * | | | * | * | |
| | c) Bu.'el.la | * | | * | * | * | | **** |

Auch die Suffigierung mit *-ella* sieht einen dreisilbigen Output vor, so dass die Treuebeschränkung *MAX* wie bei der Suffigierung mit *-ino* am niedrigsten gerankt ist. Wird das zugrunde liegende Basislexem *Butter* intakt übernommen, wie bei *But.te.rel.la,* so dass an das konsonantisch auslautende Basismorphem das vokalisch anlautende Suffix gehängt wird, führt dies zu einer anderen Syllabierung, da der Endkonsonant [R] die folgende Silbe, d.h. die erste Silbe des Suffixes, eröffnet. Eine andere morphologische Syllabierung *But.ter.ella* würde gegen die Beschränkung *Onset* verstoßen, die hoch gerankt ist.

Idealiter fallen, so Dressler (1987:117), Morphem- und Silbengrenzen zusammen: „The syllable is an important perceptual unit. Thus, morphotactic transparency (…) is enhanced if syllable boundaries coincide with morphological boundaries".

Die OT sieht hierfür folgende Beschränkungen vor:

*Align-R-St-σ*: Der rechte Rand eines Stammes fällt mit dem rechten Rand einer Silbe zusammen.

*Align-L-Sf-σ*: Der linke Rand des Suffixes fällt mit dem linken Rand einer Silbe zusammen.

Nach diesen Beschränkungen müsste *Butter.ella* syllabiert werden. Die Suffigierung mit *-ella* impliziert jedoch eine Resilbifizierung. Die morphologische Operation muss zu einer Resilbifizierung führen, damit die Silbenstrukturbedingungen erfüllt sind und nach der Suffigierung keine unmöglichen Silben entstehen. Innerhalb der OT- Beschränkungen heißt dies: Die *Align*-Beschränkungen werden zugunsten der Wohlgeformtheitsbeschränkungen (*Onset*) verletzt und sind niedriger gerankt als diese.

Die Wohlgeformtheitsbeschränkung *Onset* verletzt auch der dritte Kandidat *Bu.el.la*, da hier das Fehlen des ambisyllabischen Konsonanten [t] zu einem Hiat zwischen der ersten und zweiten Silbe führt und die zweite Silbe keinen Onset hat.

Die Forderung nach *TrFuß* und *NoCoda* hat darüber hinaus Auswirkungen auf die Vokalqualität, die mit *Ident-IO-V* erfasst ist und je Verstoß mit einem * versehen ist. Um die Wohlgeformtheitsbeschränkung *NoCoda* zu erfüllen, muss sich pro Silbe die Vokalqualität von ungespannt zu gespannt ändern.

In einer offenen Silbe wie *Bu* kann der Vokal nicht mehr den unmarkierten Wert haben, d.h. kurz und ungespannt sein.

In einer offenen Silbe ist er durch den Längenausgleich lang und gespannt und würde die Korrespondenzbeschränkung *Ident-IO (ungesp. Vokal)* verletzen. So geht *Bu.tel.la* als optimaler Kandidat hervor. Er verletzt weder die hoch gerankten Beschränkungen *CONT.* 1.Silbe noch *TrFuß*, noch die Wohlgeformtheitsbeschränkung *Onset*.

Der Wegfall des ambisyllabischen Konsonanten [t] führt zwar – wie bei *Bu. el.la* – auch hier zu einer Änderung hinsichtlich der Vokalqualität; aus dem kurzen ungespannten Vokal der ersten Silbe wird ein langer gespannter. Somit liegt auch hier eine Verletzung von Ident IO (ungesp.) vor. Die daraus entstehende offene erste Silbe und die folgende neue Syllabierung führt zu einer Onsetmaximierung und verbessert so den Silbenkontakt: Nach dem Silbenkontaktgesetz (Vennemann 1988:40 und 1986:39) sieht der bevorzugte Silbenkontakt einen möglichst großen Sonoritätsabfall an der Silbengrenze vor. Oder genauer ausgedrückt: Ein Silbenkontakt ist umso mehr präferiert, je größer die Differenz der konsonantischen Stärke an der Silbengrenze ist. So weist der Silbenkontakt *Bu.tel* einen deutlichen Abfall der Sonorität von der Coda der ersten Silbe zum Onset der zweiten Silbe auf und eine Zunahme der konsonantischen Stärke, da stimmlose Plosive eine hohe konsonantische Stärke und somit geringe Sonorität aufweisen.

So ergibt sich folgende Hierarchie der Constraints:

PN + (*-ella*)**:** *CONT. 1. Silbe* >> *TrFuß* (*Auftakt*) >> *Onset* >> *MAX* (Input-Output).

Im Folgenden sollen noch zwei weitere Produktnamen mit den Suffigierungen *-etta* und *-etto* untersucht werden.

*Tab. 5: Scholetta*

| | **Schokolade+etta** | **CONT (1.Silbe)** | **TrFuß** | **Onset** | **Align-L-Sf-σ:** | **MAX** |
|---|---|---|---|---|---|---|
| | a) Scho.ko.la.de.et.ta | | * | * | | |
| ☞ | b) Scho.'let.ta | | | | * | ***** |
| | c) Scho.'ko.la.et.ta | | * | *! | | ** |

Der Produktname *Scholetta* bestätigt das für die Suffigierung mit *-ino* und *-ella* ermittelte Ranking: Die Forderung nach *CONT* (*1. Silbe*), *TrFuß* und die Wohlgeformtheitsbeschränkung Onset dominieren auch hier die Treuebeschränkung *MAX*. Verletzt werden muss auch *Align-L-Sf-σ*, da durch die Resilbifizierung Morphem- und Silbengrenze nicht mehr übereinstimmen.

Dass Wohlgeformtheitsbeschränkungen die Treuebeschränkungen dominieren, soll an einem letzten Beispiel mit der Suffigierung *-etto* gezeigt werden:

*Tab. 6: Cornetto*

| | **Corn+etto** | **CONT (1.Silbe)** | **Tr Fuß** | **Onset** | **Align-L-Sf-σ** | **MAX** |
|---|---|---|---|---|---|---|
| ☞ | a) Cor.'net.to | | | | * | |
| | b) 'Cor.net.to | | * | | * | |
| | c) Co.'et.to | *! | | * | | ** |
| | d) Corn.'et.to | | | * | | |

Auch die Evaluierung von *Cornetto* kann das bisher ermittelte Ranking bestätigen: Eine Koinzidenz von Morphem- und Silbengrenzen, die in der OT durch die *Align*-Beschränkungen erfasst werden, gibt es hier nicht, verletzen sie doch die höher gerankte Beschränkung *Onset*. Das heißt, es wird immer „auf Kosten“ der Morphemgrenzen syllabiert, um wohlgeformte Silben zu erhalten.

Insofern ergeben sich im Hinblick auf die Syllabierung Parallelen zwischen den Produktnamen und der deutschen Standardsprache. Bei Komposita (Wand. schrank, Braut.kleid), Präfigierungen (Un-heil, Mit-autor) wird in der Regel morphologisch syllabiert, nicht aber bei Ableitungen mit vokalisch anlautendem Suffix: Boo.te/*Boot.e oder Ber.ge/*Berg.e.

## 6.3 Zusammenfassung

Die Analyse im Rahmen eines OT basierten Ansatzes konnte folgende Präferenzen für die Produktnamenbildung mit italienischen Suffixen herausstellen:

Produktnamen sind primär funktional geprägt, was Einfluss auf die „Konstruktionsprinzipien" hat. Die phonetische Wohlgeformtheit ist für die Produktnamen ein wesentliches Kriterium, garantiert sie doch eine leichte Artikulierbarkeit. Alle Produktnamen mit italienischen Suffixen weisen – bedingt durch die Suffigierung – einfache Silbenränder auf.

Von dem angenommenen zugrunde liegenden Input wird immer die erste Silbe übernommen, so dass hier *NoCoda* und *NoCompOns* verletzt werden zugunsten *CONT (1. Silbe)*. Das sprachliche Wiedererkennen der zugrunde liegenden Form wird offensichtlich durch die Übernahme des Anfangs des Wortes erleichtert und erhöht die Transparenz des Outputs.

Syllabiert wird nach der Suffigierung nicht nach morphologischen, sondern nach phonologischen Beschränkungen, d.h. es wird keine strukturbewahrende Ableitung angestrebt. Selbst wenn das Basislexem einsilbig ist, findet eine Resilbifizierung statt, so dass die Morphemgrenze nicht mit der Silbengrenze zusammenfällt.

Die *Align*-Beschränkungen werden zugunsten der Wohlgeformtheitsbeschränkung *Onset* verletzt (Cor.net.to/*Corn.et.to) und sind niedrig gerankt.

Ihre optimale Artikulierbarkeit erhalten die durch Verwendung italienischer Suffixe entstandenen Produktnamen dadurch, dass nur die erste Silbe des Inputs übernommen wird, die zweite und dritte Silbe bilden die Suffixe, so dass hier Silben mit einfachen Silbenrändern entstehen (*Scho.let.ta, Bu.tel.la*). Insofern erfüllen die zweite und dritte Silbe mit *Onset* und *NoCompOns* die universalen Beschränkungen für die Silbenstruktur.

Entscheidend für die analysierten Produktnamen ist, dass Treuebeschränkungen wie *MAX* immer zugunsten der Wohlgeformtheitsbeschränkungen verletzt werden. So ergibt sich folgende Hierarchie der Beschränkungen:

PN (+ *-ino. -ella, -etto*): Wohlgeformtheitsbeschränkungen (*Onset*, *NoCompOns*) >> Treuebeschränkungen (Input-Output).

# 7. Wortkürzung

## 7.1 Definition - Abgrenzung zu Abkürzungen - Divergenzen zwischen Kurzwort und Vollform

Unter Kurzwortbildung wird eine „nicht nur graphisch, sondern auch phonisch realisierbare, gekürzte Form [einer Vollform] verstanden“ (Kobler-Trill 1994:13), so formuliert in Anlehnung an Bellmann (1980). Kurzwörter stellen eine lexikalische Variation von Langformen dar, bei gleichbleibender Inhalts- und Reduktion der Ausdrucksseite.

Kurzwortbildung kommt dadurch zustande, dass ohne Rücksicht auf morphologische Grenzen oder die Schreibweise eines Basislexems dieses so gekürzt wird, dass ein neues Wort als Variante der zugrunde liegenden Vollform entsteht. Ein wesentliches Kriterium der Kurzwörter, das sie zugleich von Abkürzungen unterscheidet, ist das Kriterium der eigenen Aussprache. So unterliegt die Abkürzung *Dr.* oder *z.B.* der gleichen Aussprache wie die ausgeschriebene Vollform; die Kürzung vollzieht sich hier lediglich auf der graphischen Ebene.

Von Kurzwörtern sind weiterhin Kürzungen zu trennen, die aus Trikomposita gekürzt sind, z.B. *Ölzweig* aus *Ölbaumzweig* oder auf das Grundwort gekürzte Determinativkomposita wie *(Fahr)rad, (Regen)schirm* oder *Ober(kellner)* (Bellmann 1980:369). Hier entsteht keine eigenständige Variante zur Vollform, sondern es wird lediglich das Segment gekürzt, das bei gleichbleibendem semantischem Inhalt entbehrlich ist.

Kurzwörter zeichnen sich darüber hinaus durch eine enge Synonymiebeziehung zum Basislexem aus und bilden i. A. eine semantische Dublette zur Vollform, ein nicht unumstrittener Aspekt, auf den noch näher einzugehen sein wird. Als Kurzwörter gelten per definitionem solche Wortbildungen, die a) eine reduzierte Form einer komplexen synonymen Vollform darstellen und die sich b) durch eine eigene Aussprache auszeichnen. Die Tatsache, dass es sich bei Kurzwörtern in der Regel um die Dublette einer Vollform handelt, ist ein wesentlicher Grund, warum in der Forschung teilweise die Kurzwortbildung nicht der Wortbildung zugerechnet wurde (hierzu ausführlicher Kobler-Trill 1994:14). Als „Variation im Lexikon“ (Bellmann 1980:369) beziehen sich Kurzwörter auf dasselbe Denotat wie die Vollform und sind so durch eine referentielle Unselbstständigkeit gekennzeichnet (Kobler-Trill 1994:14). Das Kriterium der semantischen Synonymie kann jedoch nicht uneingeschränkt aufrechterhalten bleiben und wird dann problematisch, wenn es auf Konfixbildungen übertragen wird.[31] Der Kürzungshypothese zufolge müsste ein Basislexem wie *Biologie* in die gekürzte Einheit *bio* eingehen, es steckt jedoch nicht in Formen wie *Bioladen, Biogärtner, Biokost,* sondern ist semantisch mit „gesund“ oder „natürlich“ wiederzugeben.

Bedeutungsdifferenzen zwischen Ausgangsform und Kürzung schlagen sich auch in anderen Kurzwörtern nieder. So führt Bellmann (1980:377) das Beispiel *Kita,* gekürzt aus *Kindertagesstätte,* an. Im Vergleich zur Langform wurde *Kita* semantisch anders bewertet, insofern als *Kita* als progressivere Einrichtung gegenüber der konventionellen *Kindertagesstätte* verstanden wurde.

Zu semantischen Verschiebungen trägt zweifellos auch der Sprachgebrauch bei. So ist mit *BaFöG* von seiner Grundbedeutung her das *Bundesausbildungsförderungsgesetz* gemeint.

Im Sprachgebrauch finden sich jedoch Formulierungen wie „Jemand bekommt *BaFöG*“, womit wohl eher das Geld in Form eines Stipendiums gemeint ist, das über das Gesetz gezahlt wird. Das heißt, kommunikativ-pragmatische Aspekte führen zu semantischen Differenzierungen des Kurzworts im Vergleich zur Vollform.

Die Autonomie der Kurzwörter gegenüber der Vollform schlägt sich nicht zuletzt in der Häufigkeit ihres Gebrauchs nieder. So werden vor allem Namen von Parteien wie *CDU, SPD* oder FDP fast ausschließlich in der Kurzform gebraucht, und es gibt Kurzwörter, die sich derart im Sprachgebrauch manifestiert haben, dass die zugrunde liegende Langform oft nicht mehr bekannt ist *(BMX-Fahrrad, CD-ROM, DNS)* oder das Kurzwort als solches nicht erkannt und für die Vollform gehalten wird *(Radar, Aids)*. Die Eigenständigkeit des Kurzworts von der Vollform schlägt sich mitunter auch in unterschiedlicher Schreibweise nieder wie z.B. *UKW* (Ultrakurzwelle), wo drei Majuskeln für die drei enthaltenen Basislexeme gesetzt werden. Ablösungsprozesse des Kurzworts zeigen sich auch bei Kompositabildungen, wo die Bindestrichschreibweise zu semantischen Tautologien führen kann: *ABM-Maßnahmen, Super-GAU.*[32]

Der Kürzungsprozess selbst markiert demnach Differenzen zwischen Vollform und Kurzwort, die das Merkmal der Dublettenbildung zumindest für bestimmte Aspekte in Frage stellen.

---

31 Auf Abgrenzungsprobleme der Konfixe verweist auch Kobler-Trill (1994:17).

32 Zu weiteren Ablösungserscheinungen der Kurzwörter von der Vollform wie unterschiedlichem Genusgebrauch, unterschiedlichem Flexionsverhalten oder Ummotivierungen siehe Augst (2000:223f.).

## 7.2 Ist Kurzwortbildung Wortbildung?

Mit der Frage, ob Kurzwörter lediglich Dubletten eines Basislexems sind, geht die Frage einher, ob es sich hierbei überhaupt noch um Wortbildung handelt.

Geht man von der Definition aus, dass Wörter „Lautkomplexe sind, die eine Zeichenfunktion haben, satzfähig und als kleinste Einheit im Satz verschiebbar sind und zusammengeschrieben werden“ (Wellmann 1984:386), so handelt es sich durchaus um Wörter.

Die Hauptmerkmale wie „morphologische Stabilität und syntaktische Mobilität“ (Bußmann 1990:849f) treffen auf Kurzwörter ebenfalls zu.

Problematisch sind in diesem Zusammenhang vor allem Buchstabenakronyme, Kurzwörter, die nur aus Buchstaben bestehen. Wortmerkmale fehlen vor allem deshalb, weil hier „ein Sonderfall in der Relation Schrift – Sprechsprache“ vorliegt. Die schriftliche Realisierung dient nicht der Lautabbildung, sondern diese wird in der Verwendung erst sprechbar gemacht (Kobler-Trill 1994:19).

Der Frage, ob es sich bei Kurzwörtern um Wörter handelt, schließt sich die Frage an, ob es sich hierbei noch um Wortbildung, also um Wortbildungsprodukte handelt. In einigen Wortbildungslehren wird Kurzwortbildung nicht der Wortbildung zugerechnet oder sogar deutlich davon getrennt. Wenn mit Wortbildung ein strukturell-morphologisches Verfahren gemeint ist, das durch Erweiterung oder Reduktion in die Morphemstruktur eingreift und zur Bildung neuer Wörter führt, so tritt durch Kürzung „weder ein Wortartenwechsel noch eine semantische Modifikation ein“ (Fleischer/Barz 1992:52).

Neuere Ansätze ordnen Kurzwörter aufgrund funktionaler Besonderheiten der Wortbildung zu, z.B. Kobler-Trill (1994:20), Altmann/Kemmerling (2000:40).

Kurzwörter verhalten sich insofern wie selbstständige Wortbildungsprodukte, als die Relation zwischen Langform und Kurzform variabel ist und das Kurzwort sich durch gewisse funktional-semantische Eigenständigkeit auszeichnet, vor allem im Hinblick auf Univerbierung und Lexikalisierung. So kann im Gegensatz zur Langform *Bayerische Motorenwerke* mit *BWM* auch das Produkt, also ein Auto oder ein Motorrad der Firma gemeint sein. Wie sind Kurzwörter im Rahmen der Wortbildungsmöglichkeiten des Deutschen klassifizierbar?

Die Haupttypen der Wortbildungsmöglichkeiten lassen sich grob in Komposition, Derivation und Konversion differenzieren, wobei Präfigierung und Suffigierung wegen des Affixstatus zur Derivation gerechnet werden (Altmann/Kemmerling 2000:36).

Dass sich Kurzwörter ihrer Bildungsweise nach in keine dieser Gruppen einordnen ließen (Vieregge 1983:208), ist so nicht richtig. Vielmehr lässt sich, obwohl in allen Fällen Kürzung vorliegt, Kurzwortbildung auf Wortbildungstypen zurückführen:

- Kopulative Strukturen: Das sind Kürzungskomposita (siehe hierzu Ronneberger-Sibold 1992:12): *Brunch* (breakfast and lunch) und *Kurlaub* (Kur und Urlaub) stellen gleichgeordnete, additive Konstruktionen dar. In einigen Fällen kann der Sprachgebrauch hier zu Lexikalisierungen führen; dies gilt außer für *Brunch* noch für *Smog* (smoke & fog).
- Determinativkomposita: *Cybernaut* (Astronaut im Cyberspace). Die Konstituente *Astronaut,* die kategoriebestimmend ist, wird durch die Konstituente *Cyber* näher bestimmt.

Kurzwortbildung durch Ableitung entspricht nicht der Derivation, wie sie der Normalwortschatz durch Präfigierung und Suffigierung kennt. Zwar werden Kurzwörter von existierenden Vollformen abgeleitet, da Ableitung hier aber immer Kürzung meint und Vollformen durch willkürliche Eingriffe teilweise auf kleinere Fragmente unterhalb der Morphemebene reduziert werden, handelt es sich hierbei um einen anderen Ableitungsvorgang.

## 7.3 Klassifikation der Kurzwörter

Für die Klassifikation der Kurzwörter in Gegenüberstellung zur Vollform wird als dominierendes Kriterium die Anzahl der Segmente wie auch ihre Position in der Vollform herangezogen. Unterschieden werden dabei in Anlehnung an die Terminologie von Bellmann (1980) und Kobler-Trill (1994:21) zwei Hauptklassen, innerhalb derer noch einmal in Untergruppen differenziert wird.

### 7.3.1 Unisegmentale Kurzwörter

Die einteiligen oder unisegmentalen Kurzwörter bestehen aus einem Segment der Vollform. Dieses Segment kann ein einzelner Buchstabe sein, eine Lautfolge oder ein Morphem.

Subklassifiziert werden sie nach ihrer Position in der Vollform, die sich entweder am Anfang, in der Mitte oder am Ende befinden kann. So wird unterschieden in

a) Kopfwörter

- *Demo* < (*Demo*nstration)
- *Akku* < (*Akku*mulator)

b) Rumpfwörter Rumpfwörter sind Kürzungen auf ein mittleres Segment. Sie sind eher selten und treten vornehmlich bei Vornamen auf.

- *Lisa* < (E*lisa*beth)

c) Endwörter Endwörter bestehen aus einer finalen Silbe der Vollform, die häufig ein Kompositum ist.

- *Bus* < (Omni*bus*)
- *Rad* < (Fahr*rad*)
- *Schirm* < (Regen*schirm*)

## 7.3.2 Multisegmentale Kurzwörter

Multisegmentale Kurzwörter bestehen aus mehreren, nicht zusammenhängenden Segmenten der Vollform, wobei die Segmente einzelne Buchstaben oder initiale Silbensegmente sein können. Quantitativ stellen sie den höchsten Anteil innerhalb der Kurzwortbildung dar (Bellmann 1980:37). Je nach den übernommenen Segmenten werden multisegmentale Kurzwörter folgendermaßen unterschieden:

a) Initialwörter: Aus der Vollform werden einzelne Buchstaben übernommen, die mit den Anlautsegmenten der enthaltenen Lexeme übereinstimmen. Differenziert werden Initialwörter weiterhin nach ihrer phonischen Realisierung. Initialwörter mit lautlicher Realisierung der Buchstaben:

- *ARD* < (Arbeitsgemeinschaft allgemeiner *R*undfunkanstalten *D*eutschlands)
- *LKW* < (*L*ast*k*raft*w*agen)

Initialwörter mit Lautwertaussprache

- *TÜV* < (*T*echnischer *Ü*berwachungs*v*erein)
- *AVUS* < (Autoverkehrsübungsstrecke).

b) Silbenkurzwörter (Kurzwörter mit phonischer Realisierung der silbeninitialen Segmente der Vollform):

- *Fuzo* < *Fu*ßgänger*zo*ne
- *Kita* < *Ki*nder*ta*gesstätte

Zeigen multisegmentale Kurzwörter eine Zugehörigkeit zu beiden Kategorien, d.h. sowohl zu Initialwörtern als auch zu Silbenkurzwörtern, handelt es sich um Mischkurzwörter (Kobler-Trill 1994:23).

c) Mischkurzwörter

- *Gema* < (Gesellschaft für musikalische Aufführungs- und Vervielfältigungsrechte).

## 7.4 Analyse der durch Kürzung entstandenen Produktnamen

Im Folgenden sollen die durch Wortkürzung entstandenen Produktnamen zunächst innerhalb der genannten Typologie klassifiziert werden. Darüber hinaus sollen sie im Hinblick auf ihre strukturellen Eigenschaften hin untersucht werden, genauer gesagt nach Anzahl der Silben, der präferierten Silbenstruktur wie auch der Kategorien der Basislexeme. Auf der Basis der genannten Kürzungsmechanismen können die Belege im Korpus folgendermaßen klassifiziert werden:

### 7.4.1 Unisegmentale Kurzwörter (Kopfwörter)

Unisegmentale Kurzwörter, die aus einem zusammenhängenden Segment der Basisform gebildet werden, sind im Korpus wie folgt vertreten:

- *bess* (besser, Toilettenpapier)
- *Lux* (Luxus)
- *Rei* (Reiniger)
- *Fa* („die Fabelhafte")
- *Fanta* (Fantasie)
- *Wolfra* (Wolfratshausen, Kelterei)

Unisegmentale Kurzwörter aus kopulativen Strukturen:

- *Milka* (Milch und Kakao)
- *Palmolive* (Palm- und Olivenöl)

Rumpfwörter

Rumpfwörter, d.h. Kurzwörter, die auf ein mittleres Segment der Basisform gekürzt sind, sind im Datenmaterial nur einmal vertreten:

*bac* (antibacteriell)

Endwörter

Endwörter, d.h. Kurzwörter, die aus einem finalen Segment der Basisform bestehen, sind im Korpus nicht belegt.

### 7.4.2 Multisegmentale Kurzwörter

Den weitaus größten Anteil stellen die multisegmentalen Kurzwörter, wobei die silbeninitialen Kurzwörter bei weitem dominieren.

Im Korpus liegen folgende Belege vor:

Initialwörter/Acronyme

- *Aok* (Anhalt, Ostsee, Kolberg)
- *Chio* Chips (Carl, Heinz, Irmgard von Opel, Initialen der Vornamen und des Nachnamens der Familie von Opel)
- Kaffee *HAG* (Handelsaktiengesellschaft)
- *PLUS* (prima leben und sparen)

Unter den multisegmentalen Kurzwörtern finden sich zwei Belege für das sog. biinitiale Kurzwort, d.h. für Kurzwörter, die initialalphabetisch, als Buchstabennamen graphematisiert werden:

Biinitiales Kurzwort:

*Edeka* (statt EDK, Einzelhandelsgenossenschaft deutscher Kaufleute)

*Eszet* (Staengel & Ziller)

Belegt ist eine Mischform aus biinitialem Kurzwort und Initialwort:

- *Becel* (blood cholesterol lowering).

### 7.4.3 Diskontinuierliche Kurzwortbildung

Diskontinuierliche Kurzwörter bestehen aus zwei unzusammenhängenden Fragmenten der Ausgangslexeme:

- *Jobst* (Joghurt + Obst)
- *Onko* (ohne Koffein)
- *Toblerone* (Tobler + Torrone)
- *Knusperone* (knuspern + Torrone)
- *Vivil* (lat.: vivere + oil).

Silbenkurzwörter

- *Actimel* (flämisch:„actieve melk“)
- *Aldi* (Albrecht Discount)
- *Bofrost* (Josef Boquoi, Frost)
- *Eduscho* (Eduard Schopf)
- *Erasco* (Erasmi und Co.)

- *Fewa* (Feinwaschmittel)
- *Fripa* (Albert Friedrich Papierfabrik)
- *Gewiko* (Gewisch Kost)
- *Gutfried* (Gut Friedrichsruh)
- *Hakle* (Hans Klenk)
- *Hanuta* (Haselnusstafel)
- *Haribo* (Hans Riegel, Bonn)
- *Hawesta* (Hans Westphal, Konserven)
- *Heyco* (Artur Heymann & Co., Fischkonserven).

- *Noliko* (Noordoost Limburgse Konserven)
- *Ricola* (Richterich & Co. Laufen)
- *Riha* (Richard Hartinger, Getränkehersteller)
- *Sinalco* (sine alcohol)
- *Tchibo* (Tchillinghyrian, Bohne)
- *Viba* (Willi Viebahn, Süßwaren)
- *Vossko* (Vosskötter Tiefkühlkost)
- *Zewa* (Zellstofffabrik Waldhof)

Mischkurzwörter

- *Wissoll* (Wilhelm Schmitz, Solln)

## 7.5 Häufigkeiten der durch Kürzung entstandenen Produktnamen

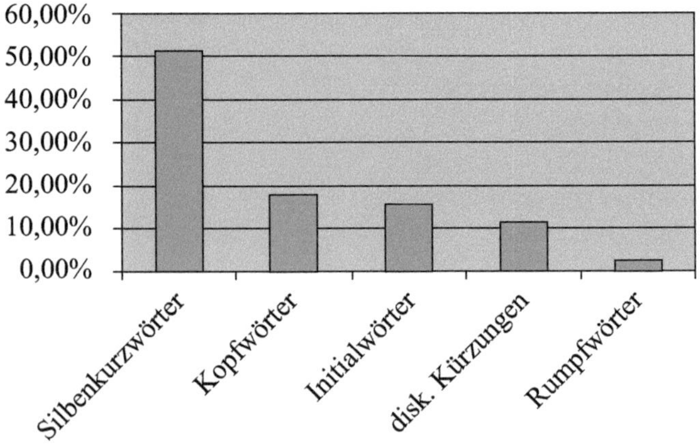


*Abb. 1: Häufigkeitsverteilung gekürzter Produktnamen*

Unter den Wortkürzungen überwiegen deutlich die multisegmentalen Silbenkurzwörter mit 23 von 45 Kurzwörtern, was einem prozentualen Anteil von 51,1% entspricht. Mit acht Belegen sind die unisegmentalen Kopfwörter vertreten, entsprechend 17,77%. Dicht dahinter folgen die Initialwörter mit 15,55%. Diskontinuierliche Kürzungen kommen mit 11,11% vor. Das Schlusslicht bilden die Rumpfwörter mit nur 2,2%, also einem Beleg (*bac*), und die Mischkurzwörter, die ebenfalls nur mit einem Beleg repräsentiert sind (*Wissoll*).

## 7.6 Kategorien der Basislexeme der Wortkürzungen

Die im Korpus vertretenen Wortkürzungen können vorwiegend auf Substantive, Eigennamen, Toponyme, substantivierte Adjektive, aber auch auf Syntagmen zurückgeführt werden.

Substantive (Konkreta und Abstrakta). Basislexeme einfach oder komplex:

*Edeka* (Einzelhandelsgenossenschaft deutscher Kaufleute), *Rei* (< Reiniger), *Lux* (< Luxus), *Fewa* (Feinwaschmittel), *HAG* (Handelsaktiengesellschaft), *Hanuta* (Haselnusstafel)

Eigennamen, häufig in Verbindung mit einem Toponym:

- *Chio* (Initialen der Vornamen und des Nachnamens der Familie von Opel: Carl, Heinz, Irmgard von Opel).
- *Erasco* (Erasmi & Co.)
- *Hakle* (Hans Klenk)
- *Haribo* (Hans Riegel, Bonn)
- *Ricola* (Richterich & Co., Laufen)
- *Wissoll* (Wilhelm Schmitz, Solln)

Eigennamen, in Verbindung mit einem Appellativ als enge appositionelle Syntagmen:

- *Aldi* (Albrecht Discount)
- *Bofrost* (Josef Boquoi, Frost)
- *Gewiko* (Gerwisch Kost)
- *Noliko* (Noordoost Limburgse Konserven)
- *Tchibo* (Tchillinghyrian, Bohne)
- *Toblerone* (Tobler +Torrone)
- *Wissoll* (Wilhelm Schmitz, Solln)

Toponyme, auch in Verbindung mit einem Appellativ:

- *AoK* (Anhalt, Ostsee, Kolberg)
- *Gutfried* (Gut Friedrichshagen)
- *Zewa* (Zellstofffabrik Waldhausen).

Syntagmen:

- *Actimel* („actieve melk“)
- *Becel* (blood cholesterol lowering)
- *Milka* (Milch und Kakao)
- *Onko* (ohne Koffein)
- *Plus* (Prima leben und sparen).
- *Sinalco* (sine alkohol)

Verben:

- *Knusperone* („knuspern”)

Adjektive:

- *Bac* (antibakteriell), mit graphischer Veränderung: [c] statt [k] Eine Ausnahme bildet *Vivil;* hier handelt es sich um eine Zusammensetzung aus einem Verb (lat.: vivere) und einem Appellativ (Oil).

## 7.7 Silbenzahlen gekürzter Produktnamen

Im Folgenden sind die prozentualen Häufigkeiten aufgeführt, mit denen die Ein- Zwei- Drei- und Viersilber der durch Kürzung entstandenen Produktnamen vertreten sind:

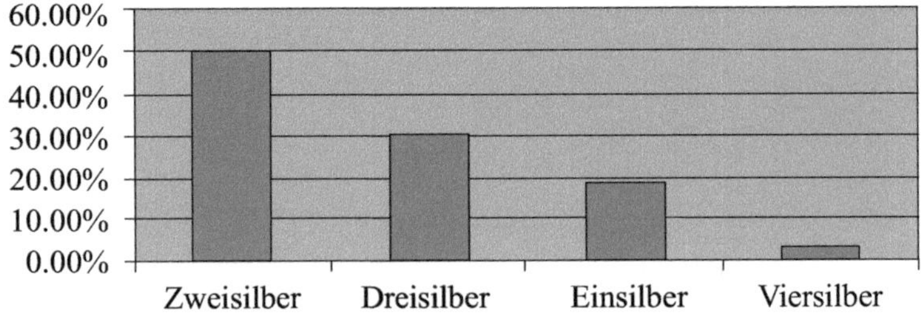


*Abb. 2: Silbenzahlen der Kurzwörter*

Das Diagramm zeigt die jeweiligen Präferenzen bezüglich der Silbenzahl der Kurzwörter: Zweisilbigkeit wird mit 49% eindeutig bevorzugt. Dreisilber folgen erst mit 29%, deutlich dahinter liegen die Einsilber mit 17,7% und die Viersilber fallen mit 4,4% – d.h. mit zwei Korpusbelegen – so gut wie nicht ins Gewicht.

## 7.7.1 Silbenzahlen deutscher Wortkürzungen

Zieht man hier den Vergleich zu den Kurzwörtern des Normalwortschatzes heran, so zeichnen sich vergleichbare Präferenzen ab:

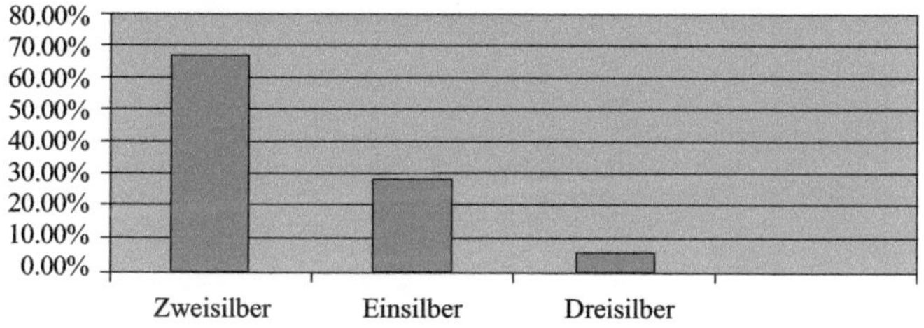


*Abb. 3: Silbenzahlen deutscher Wortkürzungen*

Die von Ronneberger-Sibold errechneten Präferenzen der Kurzwörter des Normalwortschatzes ergaben, dass Zweisilbigkeit mit 66,7% bei weitem bevorzugt wird. Im Gegensatz zu den gekürzten Produktnamen folgen dann die Einsilber mit 28,1%, deutlich dahinter liegen die Dreisilber mit nur 5,3% (Ronneberger-Sibold 1992: 46). Die Frage, die sich anschließt, ist, ob mit einer bestimmten Silbenzahl auch eine bestimmte Silbenstruktur bevorzugt wird.

## 7.7.2 Silbenformen der durch Kürzung entstandenen Produktnamen

Im Folgenden sind die Silbenformen der gekürzten Produktnamen aufgeführt, getrennt nach Silbenzahl, wobei die Einsilber in einem Diagramm, die Zwei- und Dreisilber zusammen in einem weiteren aufgeführt sind.

### 7.7.2.1 Silbenformen der Einsilber

Widmen wir uns im Folgenden den Silbenformen der gekürzten Produktnamen, zunächst der Einsilber. Zur Darstellung werden geschweifte Klammern verwendet:

Die Klammer { steht für eine offene Silbe, } für eine geschlossene. Dementsprechend stehen { { für zwei offene Silben, } } für zwei geschlossene, u.s.w.

Die Präferenzen für bestimmte Silbenformen sehen folgendermaßen aus: Bei den Einsilbern (Abb.4) überwiegen bei weitem geschlossene Silben mit einem prozentualen Anteil von 75%. Offene Silben sind nur mit 25% vertreten.

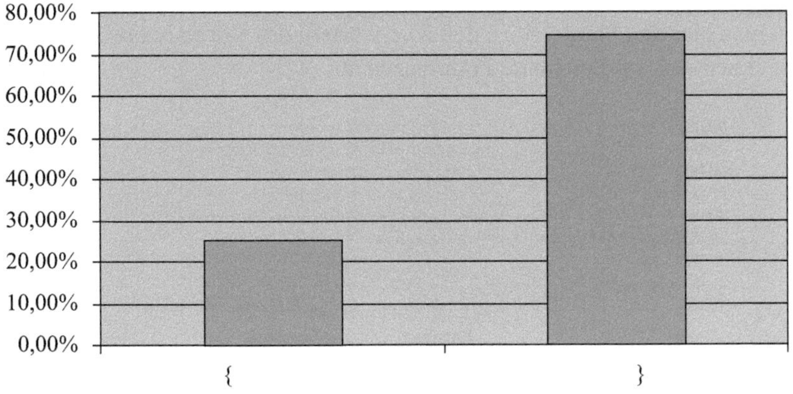


*Abb. 4: Silbenfomen gekürzter Produktnamen (Einsilber)*

## 7.7.2.2 Silbenformen der Zwei- und Dreisilber

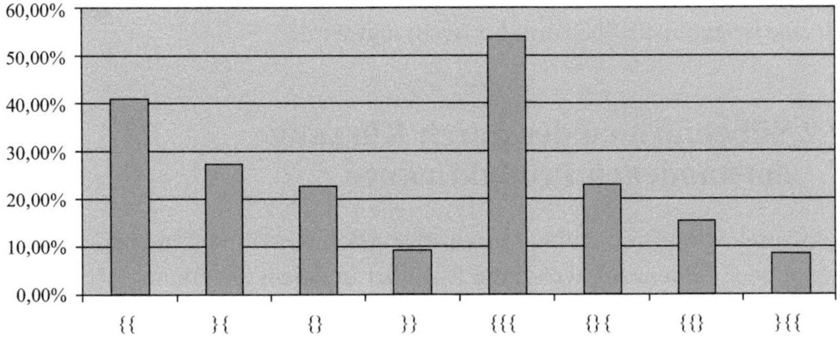


*Abb. 5: Silbenfomen gekürzter Produktnamen (Zwei- und Dreisilber)*

Bei den Zweisilbern werden die Silbenformen { { – zwei offene Silben – eindeutig bevorzugt, rund 40% weisen diese Wortform auf. Die Zweisilber, die jeweils eine geschlossene und eine offene Silbe enthalten, also die Silbenformen } { aufweisen, sind mit 27,2% vertreten, die Silbenformen { } hingegen mit rund 23%. Eine Wortform mit zwei geschlossenen Silben, also mit den Silbenformen } }, stellt mit 9,0% den geringsten Anteil.

Ähnlich wie bei den Zweisilbern gibt es auch bei den Dreisilbern eine klare Präferenz für offene Silben. Hier weisen rund 54% die Formen { { { auf, also drei offene Silben. Lediglich 23% haben die Silbenformen { } { und 15,38% die Silbenformen } { }. Nur ein Korpusbeleg weist die Wortform } { { auf, was einem prozentualen Anteil von rund 8% entspricht. Beispiele mit drei geschlossenen Silben sind im Datenmaterial nicht vorhanden.

### 7.7.2.3 Silbenformen der Viersilber

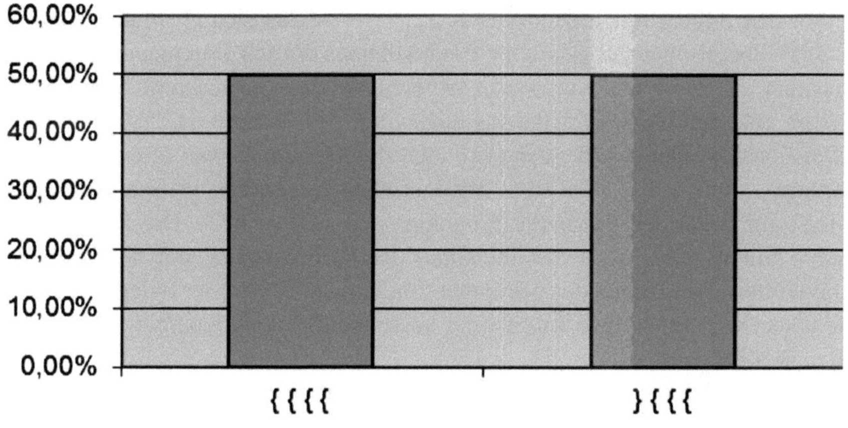


*Abb. 6: Silbenfomen gekürzter Produktnamen (Viersilber)*

Die Viersilber, die lediglich mit zwei Belegen vorkommen, weisen die Silbenformen { { { { (*Toblerone*) und die Silbenformen } { { { *Knusperone*) auf. Da die Viersilber mit nur zwei Beispielen vertreten sind, können sie zur Unterstützung möglicher Präferenzen nicht herangezogen werden.

### 7.7.2.4 Silbenformen deutscher Kurzwörter

Auch im Hinblick auf die Silbenformen soll ein Vergleich zu den deutschen Kurzwörtern gezogen werden (hierzu Ronneberger-Sibold 1992:47).

| | gekürzte PN | dt. Kurzwörter |
|---|---|---|
| } | 75,00% | 68,80% |
| { | 25% | 31,20% |
| {{ | 40% | 90% |
| }} | 9% | ___ |
| {} | 23% | 3% |
| }{ | 27% | 8% |
| {{{ | 54% | 100% |
| {}{ | 23% | — |
| }{} | 15,38% | — |
| }{{ | 7,60% | — |

*Abb. 7: Silbenformen der gekürzten Produktnamen und der deutschen Kurzwörter*

Bei den Silbenformen deutscher Kurzwörter zeigen sich ebenfalls Parallelen zu den Silbenformen der gekürzten Produktnamen unserer Datenmenge. Auch die Einsilber der deutschen Kurzwörter bevorzugen eine geschlossene Silbe: 68,8% weisen eine geschlossene Silbe vor einer offenen Silbe mit 31,2% auf. Bei den Zweisilbern werden wie bei den gekürzten Produktnamen zwei offene Silben bevorzugt – 89,5%, also rund 90% der deutschen Kurzwörter weisen zwei offene Silben auf – bei den gekürzten Produktnamen sind es 40%. Die Präferenz für offene Silben teilen auch die Dreisilber der Produktnamen mit den deutschen Kurzwörtern: Sind es bei den gekürzten Produktnamen 50% der Belege, so weisen die deutschen dreisilbigen Kurzwörter ausschließlich eine Kombination aus drei offenen Silben auf.

Der Vergleich der gekürzten Produktnamen mit den deutschen Wortkürzungen legt die Annahme nahe, dass es sich bei den ermittelten Präferenzen um übergreifende Präferenzen der Wortbildungsart „Kurzwort“ handelt.

## 7.8 Silbenränder der Kurzwörter

Widmen wir uns im Folgenden der Besetzung der Silbenränder der dreisilbigen Produktnamen getrennt nach Silbenzahl. Die Kennzeichnung der einzelnen Besetzungen ist an die abkürzende Notation C (engl. *consonant*) für Konsonanten und entsprechend V (engl. *vowel*) für Vokale angelehnt. Da es im Deutschen keine Silben gibt, bei denen dem Silbenkern kein Laut vorausgeht, wird ein anlautender Vokal mit GV wiedergegeben (G = *Glottisschlag*).

## 7.8.1 Silbenränder der Einsilber

Silbenanfangsränder

Für die Einsilber zeichnet sich folgende Verteilung der Silbenanfangsränder ab:

| | |
|---|---|
| 1. **C**V(C)(C)(C) | = 87,5% |
| 2. **CC**VC | = 12,5% |

Die bevorzugte Silbenstruktur der Einsilber besteht aus einem einfachen Silbenanfangsrand. 87,5% weisen einen einfach besetzten Anfangsrand auf; komplexe Silbenränder sind nur marginal mit 12,5% vertreten.

Silbenendränder

| | |
|---|---|
| 1. (C)CV**C** | = 50% |
| 2. C**V** | = 25% |
| 3. CV**CC** | = 12,5% |
| 4. CV**CCC** | = 12,5% |

Die Hälfte der Einsilber – 50% – besitzt einfache Silbenendränder. 25% weisen einen leeren Endrand und jeweils 12,5% einen komplexen Endrand auf.

## 7.8.2 Silbenränder der Zweisilber

Silbenanfangsränder

Ziehen wir zum Vergleich die Besetzung der Silbenanfangsränder der Zweisilber heran.

| | |
|---|---|
| 1. **C**V(C).**C**V(C) | = 45,4% |
| 2. **C**V(C).**CC**V(C)(C) | = 18,18% |
| 3. **CC**V.**C**V | = 18,18% |
| 4. G**V**C.**C**V | = 9% |
| 5. G**V**.G**V**C | = 4,54% |
| 6. G**V**C.**CC**VC | = 4,54% |

Einfach besetzte konsonantische Anfangsränder werden mit 45,4% deutlich bevorzugt. Ihnen folgt mit jeweils 18,18% eine einfach besetzte erste Silbe und eine komplex besetzte zweite Silbe und umgekehrt. Mit nur 9%, was zwei Belegen entspricht, sind Formen mit vokalischem Wortanlaut und leerem Endrand vertreten und mit nur 4,54%, was genau einem Beleg entspricht, eine Wortform, deren Silben vokalisch anlauten (*Aok*). Mit ebenfalls 4,54% ist ein vokalisch beginnender Wortanfang belegt, während die zweite Silbe einen komplexen Anfangsrand aufweist (*Eszet*).

Silbenendränder

Die Silbenendränder der Zweisilber sind wie folgt besetzt:

| | |
|---|---|
| 1. (C)C**V**.(C)C**V** | = 45,45% |
| 2. (C)V**C**.(C)CV**C** | = 22,72% |
| 3. CV**C**.(C)C**V** | = 13,63% |
| 4. GV**C**.V**C** | = 9,09% |
| 5. C**V**.CCV**CC** | = 4,54% |
| 6. G**V**.GV**C** | = 4,54% |

Bei den Endrändern zeichnen sich ebenfalls deutliche Präferenzen ab. Ein vollvokalischer Wortauslaut wird mit 45,45% bevorzugt, gefolgt von einer Wortform mit einfach besetzten geschlossenen Silben mit 22,72%. 13,63% der Wortformen weisen eine erste geschlossene Silbe und vokalisch besetzten Wortauslaut auf. Komplexe Silbenendränder sind sehr unbeliebte Besetzungen und nur mit einem Beleg vertreten, was einem Anteil von 4,54% entspricht.

## 7.8.3 Silbenränder der Drei- und Viersilber

Silbenanfangsränder der Dreisilber

| | |
|---|---|
| 1. **C**V(C).**C**V(C).**C**V(C) | = 77% |
| 2. **G**V(C).**C**V(C).**C**V | = 23% |

Die Besetzung der Silbenanfangsränder weist ähnliche Präferenzen zu denen der Zweisilber auf: Einfache Silbenanfangsränder werden mit 77% deutlich bevorzugt. Im Gegensatz zu den Zweisilbern sind komplexe Anfangsränder bei den Dreisilbern nicht vertreten.

Silbenendränder der Dreisilber

| | |
|---|---|
| 1. (C)**V**.C**V**.C**V** | = 54% |
| 2. (C)**V**.CV**C**.C**V** | = 23% |
| 3. (C)V**C**.C**V**.CV**C** | = 15,3% |
| 4. CV**C**.C**V**.C**V** | = 7,6% |

Auch für die Silbenendränder zeichnen sich vergleichbare Präferenzen zu den Zweisilbern ab. Der vollvokalische Auslaut wird mit 54% präferiert – was mehr als der Hälfte der Belege der Dreisilber entspricht. Mit 23% sind Wortformen mit einer einfach besetzten medialen Silbe bei einer offenen ersten und letzten Silbe vertreten. Mit 15,3% ist eine Wortform belegt, die eine geschlossene erste und dritte Silbe aufweist, während die zweite Silbe offen ist. Nur ein Beleg, also 7,6%, weist eine geschlossene erste und eine mediale und dritte offene Silbe auf.

Silbenränder der Viersilber

Silbenanfangsränder

| | |
|---|---|
| 1. **C**V.**CC**V.**C**V.**C**V | = 50% |
| 2. **CC**VC.**C**V.**C**V. **C**V | = 50% |

Silbenendränder

| | |
|---|---|
| 1. C**V**.CC**V**.C**V**. C**V** | = 50% |
| 2. CCV**C**.C**V**.C**V**. C**V** | = 50% |

Die einzigen Viersilber der Kurzwörter (*Toblerone, Knusperone*) teilen zwar die Präferenzen der Zwei- und Dreisilber im Hinblick auf die Besetzung der Silbenränder, denn auch sie bevorzugen einfache Silbenanfangsränder und offene Silbenendränder. Aufgrund des geringen prozentualen Anteils sind sie jedoch nicht aussagekräftig.

# 8. Lautstruktur der Kurzwörter

## 8.1 Tonvokale

Anhand der Untersuchung der Silbenstruktur konnte belegt werden, dass, mit Ausnahme der einsilbigen Kurzwörter unter den Produktnamen, eindeutig offene Silben präferiert werden, stellen sie doch jeweils den prozentual höchsten Anteil. Daraus ergibt sich die Frage, ob sich mit Blick auf die Lautstrukur ebenfalls Präferenzen erkennen lassen.

In der folgenden Graphik sind die einzelnen Werte für die vorkommenden Vokalphoneme nach ihrem Vorkommen in Prozent angegeben. Die Vokalphoneme wurden dabei nicht nur nach ihrem prozentualen Vorkommen, sondern darüber hinaus nach dem Merkmal der Gespanntheit vs. ihrer Nichtgespanntheit differenziert, da die Auszählung hier zusätzliche Präferenzen hinsichtlich dieses Merkmals ergab.

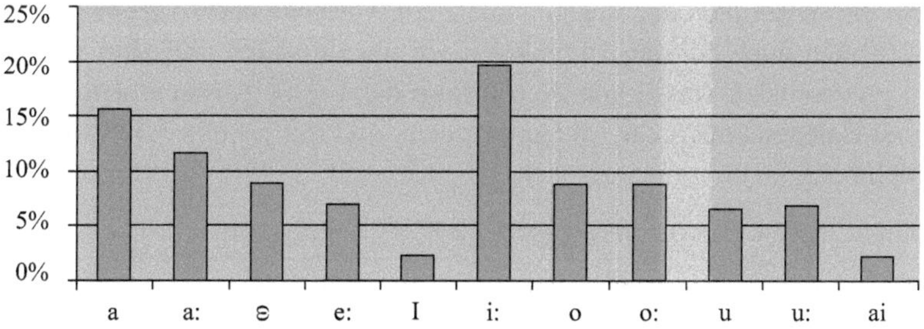


*Abb. 1: Tonvokale*

Eindeutig präferiert wird das lange, gespannte [i:] und stellt mit 20% den häufigsten Vokal. Mit 15,55% folgt das kurze, ungespannte [a], mit deutlichem Abstand dann das lange [a:] mit 11,62%.

Alle anderen Vokale liegen prozentual relativ dicht beieinander. So sind das offene [ɛ], das ungespannte [ɔ] und das gespannte [o:] mit jeweils rund 9% vertreten. Ihnen folgen das gespannte [e:], das gespannte [u:] und das ungespannte [ʊ] mit jeweils rund 7%.

„Schlusslichter" mit jeweils 2,2% bilden der Diphthong [ai] sowie das kurze, ungespannte [I].

Bezogen auf die Gesamtheit der Vokale sind die Vokale, die das Merkmal „gespannt" aufweisen", prozentual stärker vertreten. Insgesamt werden gespannte

Vokale mit 52% vor ungespannten mit 42,75% bevorzugt. Wenn auch die gespannten Vokale insgesamt stärker vertreten sind, so heißt das nicht, dass dies für alle Vokale gilt. So zeigen sich umgekehrte Präferenzen für das [a]; das kurze ungespannte [a] wird mit 15,55% deutlich vor dem langen [a:] bevorzugt. Keine Präferenzen für das Merkmal „gespannt" bzw. „ungespannt" liegen für das [o] vor. Gespannte und ungespannte Vokale sind prozentual mit 9% gleich stark vertreten. Das Gleiche gilt für den Vokal [u] – das ungespannte und das gespannte sind jeweils mit 7% vertreten.

## 8.2 Auslautvokale – Wortende

Die folgende Graphik stellt die Häufigkeiten der Auslautvokale der gekürzten Produktnamen in Prozent dar. Im Gegensatz zur Darstellung der Tonvokale wird die Merkmalsopposition „gespannt" vs. „ungespannt" hier nicht berücksichtigt, da sie in Silben im absoluten Auslaut neutralisiert ist (Ronneberger-Sibold 1992:42). Von den 45 Produktnamen enden 30 vokalisch, davon 26 auf Vollvokal. Bezogen auf die Gesamtheit der Auslautvokale am Wortende überwiegt mit 46,6% der Vokal [a], der auch bei den Tonvokalen vor allen anderen präferiert wurde. Mit einem prozentualen Anteil von 36,6% folgt das [o] als Auslautvokal. Mit 10%, was drei Belegen entspricht, ist [ə] vertreten, und mit jeweils 3,33% das [i] und der Diphthong [aɪ].

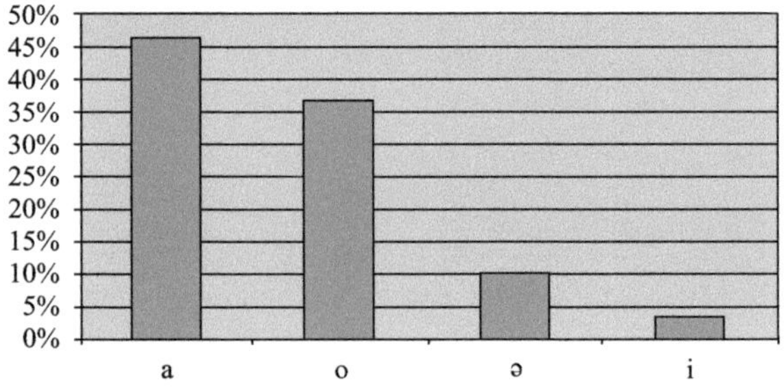


*Abb. 2: Auslautvokale*

## 8.3 Vokalreduplikationen

Die vorherigen Auswertungen konnten belegen, dass der Vokal [a] sowohl als Tonvokal mit 27,17%, als auch als Auslautvokal am Wortende mit 46,66% deutlich präferiert wird. Der zweithäufigste Tonvokal ist das [i] mit 20%. Als Auslautvokal ist [i] dagegen nur mit 3,33%, d.h. einem Korpusbeleg (*Aldi*), marginal vertreten. Das [o] steht mit 18,00% als Tonvokal an dritter Stelle, als Auslautvokal ist er mit 36,66% an zweiter Stelle platziert.

| Tonvokale: | Auslautvokale: |
|---|---|
| 1. [a] = 27,17% | 1. [a] = 46,66% |
| 2. [i] = 20,00% | 2. [o] = 36,66% |
| 3. [o] = 18,00% | 3. [i] = 3,33% |

*Abb.3: Ton- und Auslautvokale*

Wenn [a] als Tonvokal und auch im Auslaut vor allen anderen Vokalen präferiert wird, ist zu fragen, ob es auch als Vokalkombination vermehrt vertreten ist, d.h. ob die Besetzung eines [a] als Tonvokal ebenfalls ein [a] im Auslaut zur Folge hat, und wenn dies nicht der Fall ist, welche Vokalkombinationen stattdessen bevorzugt werden. Wenn hier von Präferenzen die Rede ist, so darf nicht unterschlagen werden, dass diese maßgeblich von den lautlichen Strukturen bestimmt werden, die das jeweilige zugrunde liegende Basislexem vorgibt, und die natürlich nicht frei wählbar sind. Bei der Auszählung des Korpus stellt sich heraus, dass die Vokalkombination [a] als Tonvokal und [a] im Auslaut erstaunlicherweise mit nur einem Beleg vertreten ist: *Fanta.* Mit nur zwei Korpusbelegen kommt [o] als Ton- und Auslautvokal vor: *Vossko* und *Onko.* Das mit insg. 12% eher geringe Vorkommen von Vokalreduplikationen lässt die Schlussfolgerung zu, dass sie offensichtlich unbeliebte Lautkombinationen sind.[33]

Präferierte Vokalverbindungen bestehen dagegen aus unterschiedlichen Vokalkombinationen, wie z.B. aus vorderem Tonvokal und hinterem Auslautvokal: *Chio, Fripa, Milka.* Von den insgesamt 26 vollvokalisch endenden Produktnamen weisen 14, also 56%, die Vokalkombination „vorderer Tonvokal und hinterer Auslautvokal" auf. Die Verteilung der Vokalkombination „vorderer Tonvokal und hinterer Auslautvokal" differenziert sich wie folgt:

33 Dieses Ergebnis deckt sich mit der Untersuchung von Ronneberger-Sibold (1992:51). Bei den von ihr untersuchten Kurzwörtern des Normalwortschatzes konnte sie keine Identitätskorrelation von Ton- und Auslautvokal belegen.

| | |
|---|---|
| [i:]:[o] | 20% |
| [i:]:[a] | 16% |
| [e:]:[a] | 12% |
| [I]:[a] | 4% |
| [ɛ]:[a] | 4% |
| insg.: | **56%** |

*Abb. 4: Lautkombination aus vorderem Tonvokal und hinterem Auslautvokal*

Die umgekehrte Verbindung – hinterer Tonvokal und vorderer Auslautvokal – ist dagegen mit nur einem Beleg vertreten: *Aldi.*

| | |
|---|---|
| [a:]:[i] | **4%** |

*Abb. 5: Lautkombination aus hinterem Tonvokal und vorderem Auslautvokal*

Prozentual eher gering kommen Verbindungen aus hinterem Tonvokal und hinterem Auslautvokal vor; diese sind nur mit sieben Belegen, d.h. mit insgesamt 28% vertreten, die sich wie folgt verteilen:

| | |
|---|---|
| [a:]:[o] | 12% |
| [o:]:[a] | 8% |
| [u:]:[o] | 4% |
| [u]:[a] | 4% |
| insg.: | **28%** |

*Abb. 6: Lautkombination aus hinterem Tonvokal und hinterem Auslautvokal*

Verbindungen aus vorderem Tonvokal und vorderem Auslautvokal kommen nicht vor.

# 8.4 Konsonanten

## 8.4.1 Anlautkonsonanten: Wortanfang

Die Besetzung der konsonantischen Anfangsränder der gekürzten Produktnamen unterliegt nicht uneingeschränkt lautlichen Präferenzen, hängt die Wahl der eingehenden Silben oder Segmente doch im Wesentlichen von den zugrunde liegenden Basislexemen oder dem Basislexem ab. Für die Verteilung der Konsonanten im Silbenanfangsrand ergibt sich folgende prozentuale Gewichtung:

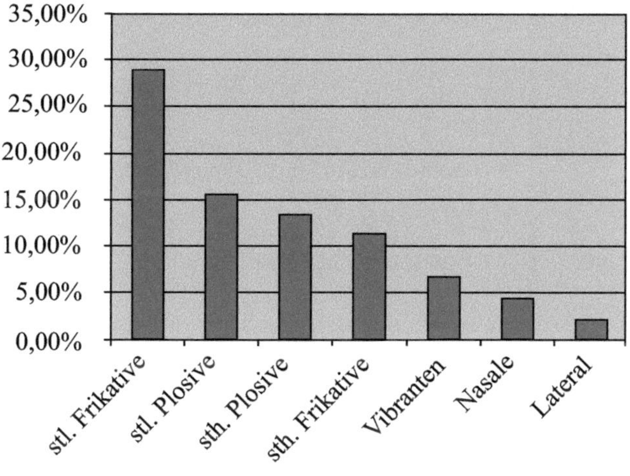


*Abb. 7: Anlautkonsonanten*

Von 45 Produktnamen besitzen 37, also 82,2%, einen konsonantischen Onset. Die Besetzung der Anlautkonsonanten am Wortanfang verteilt sich so: Es überwiegen die stimmlosen Frikative mit 28,8%. Mit deutlichem Abstand folgen die stimmlosen Plosive mit 15,55%, dann die stimmhaften Plosive mit 13,33%. Mit geringem Abstand schließen sich dann die stimmhaften Frikative mit 11,10% an. Die Vibranten sind mit 6,66% vertreten und die Nasale mit 4,44%. Das „Schlusslicht" bildet der Lateral [l] mit 2,22 %, was einem Beleg entspricht. Lediglich acht Produktnamen von 45, entsprechend 17,7%, beginnen mit einem Vokal.

## 8.4.2 Konsonanten im Wortauslaut

Bedingt durch den Anteil offener Silbenendränder ist der konsonantische Wortauslaut bei den gekürzten Produktnamen prozentual nur gering vertreten. Nur 15 von 45 Produktnamen, also 33,3%, weisen einen Konsonanten im Wortauslaut auf. Hier überwiegen die Plosive mit 15,54%; dann folgen die Frikative mit 8,88% und der Lateral [l] ebenfalls mit 8,88%. Vibranten und Nasale sind nicht vertreten.

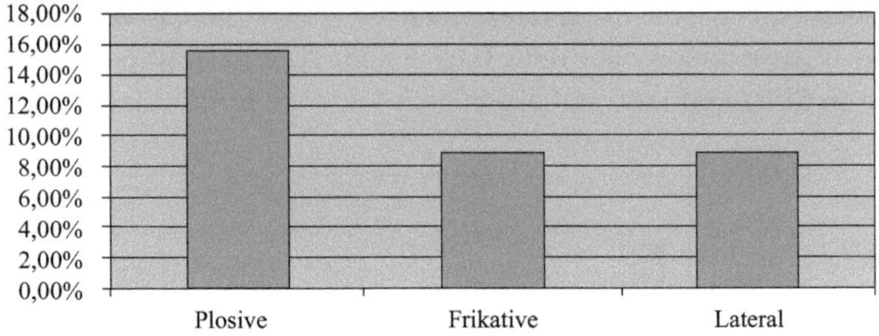


*Abb. 8: Konsonanten im Wortauslaut*

### 8.4.3 Konsonantenreduplikationen

Die bisherige Untersuchung hat deutliche Präferenzen für die Besetzung der konsonantischen Silbenanfangs und -endränder hervorgebracht. Für die Silbenränder am Wortanfang werden mit 28,8% eindeutig stimmlose Frikative bevorzugt. Im Wortauslaut dominieren dagegen die Plosive mit 15,54% (cf. Kap. 8.4.2).

Die Frage, die sich anschließt, ist, inwieweit auch bei den Konsonanten bestimmte Lautkombinationen bevorzugt werden. Bei der Sichtung der Vokalkombinationen der gekürzten Produktnamen fiel diese Untersuchung negativ aus. Präferiert wurde hier keine Vokalreduplikation, sondern ganz im Gegenteil eine Vokalkombination aus vorderem Tonvokal und hinterem Auslautvokal (s. Kap. 9.3), obwohl [a] am Wortanfang und -ende am häufigsten vertreten war.

Bei den Konsonanten sind Lautreduplikationen zwischen An- und Auslaut schon aufgrund der prozentualen Verteilung nicht zu erwarten. Am Wortanfang überwiegen die stimmlosen Frikative, am Wortende die Plosive. Und so gibt es lediglich einen Korpusbeleg bei den Einsilbern (*bac*) und nur zwei Korpusbelege bei den Zweisilbern (*Gutfried, Bofrost*), die eine Lautspiegelung von Obstruenten aufweisen, was einem prozentualen Anteil von 6,6% entspricht. Bei den Dreisilbern dagegen kommt sie nicht vor. Da 30 von 45 Produktnamen, also 66,66%, auf einen Vokal enden, besteht die präferierte Lautkombination aus einem Konsonanten am Wortanfang und einem Vokal am Wortende.

### 8.4.4 Wortakzent

In diesem Abschnitt soll untersucht werden, welches Betonungsmuster die durch Kürzung entstandenen Produktnamen aufweisen. Widmen wir uns zunächst den Zweisilbern:

*'Aok, 'Aldi, Be'cel, 'Bofrost, 'Chio, Es'zet, 'Fewa, 'Fanta, 'Fripa, 'Gutfried 'Hakle, 'Heyco, 'Milka, 'Onko, 'Riha, 'Viba, Vi'vil, 'Vossko, Wi'ssoll, 'Wolfra, 'Tchibo, 'Zewa.*

Von den insgesamt 22 zweisilbigen Produktnamen weisen 18, d.h. 81,8%, das Muster '– d.h. „betont – unbetont" auf und sind demnach auf den trochäischen Fuß festgelegt. Nur bei vier Produktnamen kommt das Betonungsmuster - '-, „unbetont – betont" vor. Hier zeigen sich Parallelen zu den Silbeninitialwörtern des Normalwortschatzes. In dem von Ronneberger-Sibold untersuchten Korpus weist der überwiegende Teil – 69,4%, Initialakzent auf, z.B. ‚*Alu* oder' *Schupo* (Ronneberger-Sibold 1992:71).

Für die Produktnamen, die auf der ersten Silbe betont werden, ist zu untersuchen, welche Silbenstrukturen diese Betonung bedingen und welche Betonungsregeln zugrunde gelegt werden können.

Die eben genannten Produktnamen entsprechen mit dem Betonungsmuster „betont – unbetont" der Akzentsetzung des Kernbereichs der Substantive im Deutschen, die in zwei Hauptklassen zu unterscheiden sind: 1. in Substantive mit Schwasilbe – *Hütte, Hammer,* oder 2. in Substantive mit zwei betonbaren Silben – *Mutti, Auto* (Eisenberg 1991:47), die innerhalb der Kerngrammatik als markiert gelten.

Welche silbischen Strukturen führen bei den durch Kürzung entstandenen Produktnamen im Einzelnen zur Lage des Akzents auf der ersten Silbe bzw. der Pänultima, da bei den Zweisilbern die erste Silbe und die Pänultima zusammenfallen? Nicht ausreichend dürfte die Erklärung sein, dass die Tendenz zur Erstbetonung bei den Kurzwörtern unabhängig davon geschieht, ob die erste Silbe offen oder geschlossen, oder der Vokal in einer offenen Silbe lang oder kurz ist (Kemmerling-Schoeps 2003:148).

Eine differenziertere Zuweisung der Platzierung des Akzents kann wie folgt vorgenommen werden (hierzu genauer Eisenberg 1991:40ff.): Erstens mit Rückgriff auf die Betonbarkeit, genauer gesagt über die Unterscheidung von leichten und schweren Silben. Die Regel, nach der betont wird, lässt sich so formulieren: „Betont wird die letzte betonbare Silbe", oder: „Betont wird die letzte schwere Silbe" (Eisenberg 1991:41). Zur Ermittlung der Betonbarkeit wird die Wortform von hinten nach „akzentwürdigen" Silben abgesucht.

Der Begriff „Betonbarkeit" impliziert, dass es Silben gibt, die nicht betonbar sind; im Deutschen ist das die Schwasilbe als einzige dieses Typs. Zweitens mit Rückgriff auf das Silbengewicht: Einfluss auf das Silbengewicht haben der Kern und der Endrand, nie der Anfangsrand. Als schwer gelten Silben mit gespanntem Vokal, Diphthong oder Silben mit komplexem Endrand, genauer gesagt Silben mit ungespanntem Vokal und Mehrfachkonsonanz. Leichte Silben dagegen enden auf einen kurzen Vokal.

Betrachten wir vor diesem Hintergrund zunächst die vollvokalisch endenden Produktnamen, die im Korpus zahlenmäßig am stärksten vertreten sind.

*Aldi, Chio, Fewa, Fanta, Fripa, Heyco, Milka, Onko, Riha, Viba, Vossko, Wolfra, Tchibo und Zewa* weisen alle Initialakzent auf.

Die Pänultima ist in allen Fällen schwer und zieht den Akzent auf sich – sei es, dass sie geschlossen ist, einen langen gespannten Vokal aufweist, oder sei es, dass sie – wie in einem Fall – einen Diphthong enthält (*Heyco*). Insofern verhalten sich die genannten Produktnamen wie die meisten zweisilbigen nicht-nativen Wörter, die auf Vollvokal enden.

Neben den genannten Regeln wird hier eine zusätzliche Regel wirksam, die besagt, dass eine finale, offene Silbe, die auf *a, o, u* und möglicherweise auf *ö* und *ü* endet, keinen Hauptakzent erhält (Féry 1986:32). Endbetonte nicht-native Substantive bilden eine gering vertretene Ausnahme (*Pie'ta, Tra'ra*).

Lediglich vier Zweisilber im Korpus weisen Endbetonung und damit Fremdwortakzent auf (*Be'cel, Es'zet, Vi'vil, Wi'ssoll*).

- *Be'cel:* Hier liegt Endbetonung vor wie bei den Fremdwörtern *Hotel, Metall, Rebell.* Die Ultima ist hier schwer, endet sie doch auf einen ungespannten Vokal plus Konsonant und zieht so den Akzent auf sich.
- *Es'zet:* Hier handelt es sich um ein kaschiertes Buchstabierwort mit orthoepischer Aussprache. Wie viele neugebildetete Buchstabierwörter wird es auf der letzten Silbe betont (*CD'U, LK'W*).[34] Die letzte Silbe ist zudem schwer und zieht so den Akzent auf sich.
- *Vi'vil:* Auch *Vi'vil* weist Ultimaakzent auf. Für Endbetonung sorgt hier die schwere Endsilbe, die auf gespannten Vokal plus Konsonant endet. Mit der pseudolateinischen Endung *-il* verhält es sich so wie mit vielen aus dem Lateinischen stammenden Fremdwörtern (*Disziplin, Medizin*).
- *Wi'ssoll:* Hier liegt ebenfalls Endbetonung vor. Die erste Silbe ist leicht, da sie auf einen kurzen ungespannten Vokal endet. Die zweite Silbe mit ungespanntem Vokal und Doppelkonsonanz ist schwer und damit betont.

34 Diesen Akzentsitz haben die Buchstabierwörter mit den Kopulativkomposita gemeinsam (*Schwarz-Rot-'Gold*). Strukturelle Gemeinsamkeiten, so Ronneberger-Sibold, scheinen in dem Aufzählungscharakter der nebeneinander stehenden Elemente zu liegen. Bei Lexikalisierung kann der Akzentsitz der Buchstabierwörter auf die erste Silbe verlegt werden (*'LKW*) (Ronneberger-Sibold 1992:71).

Bei den Dreisilbern ist ebenfalls die Mehrzahl auf das trochäische Fußmuster festgelegt: Von den 13 Belegen sind acht, entsprechend 61,5%, trochäisch (*E'duscho, E'rasco, Ge'wiko, Ha'nuta, Ha'westa, Hil'cona, Si'nalco, No'liko*).

Ein anderes Betonungsmuster weisen Produktnamen wie *Edeka* und *Haribo* und *Ricola* auf, da sie auf der ersten Silbe betont werden.

Hier handelt es sich um Buchstabierwörter bzw. um Silbeninitialwörter, die als Produktnamen bereits etabliert sind.

Bei bekannten Kurzwörtern kann im Laufe der Zeit der Aufzählungscharakter verloren gehen – es setzt gewissermaßen eine Lexikalisierung ein, die den Akzentsitz auf die erste Silbe verlegt (Ronneberger-Sibold 1992:71).

Die einzigen Viersilber *'Knuspe'rone* und *'Toble'rone* weisen wie die Mehrzahl der Dreisilber trochäische Fußmuster auf, bedingt durch die Schwasilben, die nicht betonbar sind.

## 8.5 Analyse der durch Kürzung entstandenen Produktnamen im Rahmen des OT-Ansatzes

Im Folgenden sollen die gekürzten Produktnamen im Rahmen des OT- Ansatzes analysiert werden.

Der Fokus der Analyse soll einerseits unter der Fragestellung stehen, durch welche übergreifenden morphonologischen Charakteristika die Produktnamen im Vergleich zum Input gekennzeichnet sind. Andererseits soll die Analyse Aufschluss darüber geben, ob hier im Hinblick auf die universalen Beschränkungen unmarkierte oder vielleicht markiertere Formen als die der ungekürzten Basisformen entstehen.

Zwei Aspekte können als besonders wichtig für die Benutzer einer Sprache angenommen werden, wenn sie Kurzformen bilden, die sich in OT-Beschränkungen folgendermaßen ausdrücken lassen:

1. Kurzwörter müssen in einer - noch zu benennenden - Relation zu der zugrunde liegenden Basis stehen => Treuebeschränkungen,

2. Kurzwörter müssen leicht auszusprechen sein => Wohlgeformtheitsbeschränkungen.

Die Treuebeschränkungen konkurrieren mit den Wohlgeformtheitsbeschränkungen insofern, als die erstgenannten verlangen, dass die Merkmale und Segmente der zugrunde liegenden Basisform mit denen des Outputs vollständig (= *MAX* = keine Tilgung), ohne Zusätze (= *DEP*, keine Epenthesen) und ohne Veränderung der Segmente (= *IDENT* (X) für ein Merkmal X) übereinstimmen.

In Kap. 7.7.2.2 wurde festgehalten, dass die Zweisilber und die Dreisilber unter den gekürzten Produktnamen offene Silben eindeutig bevorzugen. Bei den Zweisilbern ist die Wortform { {, also eine Kombination aus zwei offenen Silben, mit 40% vertreten. Bei den Dreisilbern wird offenen Silben, also der Wortform { { {, mit rund 54% ebenfalls der Vorrang gegeben. Geschlossene Silben mit der Wortform } } sind bei den Zweisilbern mit nur 9% vertreten, bei den Dreisilbern kommt eine Kombination aus drei geschlossenen Silben überhaupt nicht vor. Die durch Kürzung entstandenen Produktnamen entsprechen demnach weitgehend der universell präferierten Silbenstruktur CV, nach der der Silbenanfangsrand einfach bedeckt und die Coda offen sein soll. In OT-Beschränkungen drückt sich dies in der Erfüllung von *Onset*, *NoCompOns* und *NoCoda* aus, so dass diese Wohlgeformtheitsbeschränkungen für die gekürzten Produktnamen demnach als hochgerankt angesehen werden können.

Die Analyse hat weiterhin gezeigt (cf. Kap. 8.4.4), dass rund 82% der Zweisilber und 61,5% der Dreisilber auf den trochäischen Fuß festgelegt sind, dieses Fußmuster also bevorzugt wird. Die Beschränkung *TrFuß* ist demnach hochgerankt.

Beginnen wir für die Analyse mit dem Beispiel *Eduscho*. Neben der existierenden Form werden weitere mögliche Output-Kandidaten angeführt:

*Tab. 1: Eduscho*

| | **'E.du.ard.'Schopf** | **Tr Fuß** | **Ons** | **No Comp Ons** | **No Coda** | **Head Match** | **DEP** | **MAX** |
|---|---|---|---|---|---|---|---|---|
| | a) 'E.du.ard.'Schopf | * | * | | ** | | | |
| | b) 'Me.du.scho | * | | | | | * | ****** |
| ☞ | c) E.'du.scho | | * | | | * | | ***** |

Die Evaluierung lässt c) *Eduscho* als optimalen Kandidaten hervorgehen. Nur dieser erfüllt die hochgerankten Beschränkungen *TrFuß, NoCompOns* und *NoCoda*. Zwangsläufig wird damit *Head-Match* verletzt, eine Beschränkung, die verlangt, dass die Betonung von Input und Output immer auf dieselbe Silbe fällt (Féry 1997:477). Die Beschränkung *Head-Match* ist, da sie verletzt werden muss, um die gewünschte dreisilbige Struktur mit trochäischem Fuß zu erhalten, dementsprechend niedrig gerankt.

Gegen die hochgerankte Beschränkung *TrFuß* verstößt Kandidat b), der zusätzlich die Treuebeschränkung *DEP* verletzt, da mit dem wortinitialen *M* ein zusätzliches Element eingefügt wurde.

Kandidat c) *Eduscho* weist gegenüber Kandidat a), d.h. der Vollform, in Bezug auf leichtere Artikulierbarkeit und Memorierbarkeit Verbesserungen auf. Mit einem einfachen Onset bei zwei der drei Silben und drei offenen Silben erleichtert *Eduscho* die Artikulierbarkeit und Memorierbarkeit, fallen doch durch die Kürzung die schweren Silbenendränder *-ard* in Edu*ard* und *-pf* in Scho*pf* weg.

Der Wegfall der schweren Silbenendränder kommt somit der Forderung nach leichter Artikulierbarkeit für Produktnamen entgegen. Der vollvokalische Auslaut erfordert artikulatorisch weniger Aufwand als der konsonantische und zudem komplexe Endrand. Eine zusätzliche Verbesserung im Hinblick auf leichtere Artikulierbarkeit erfährt die gekürzte Form durch den Wegfall des Hiats zwischen der zweiten und dritten Silbe in *Eduard,* der in der Kurzform durch Tilgung der dritten Silbe *-ard* vermieden wird.

Anhand weiterer Beispiele soll überprüft werden, ob das ermittelte Ranking auch auf andere Produktnamen zutrifft und welche Eingriffe auf morphologischer Ebene vorgenommen werden.

*Tab. 2: Gewiko*

| | **'Ger.wisch.Kost** | **Tr Fuß** | **Ons** | **No Comp Ons** | **No Coda** | **Ident-IO-V** | **Ident-IO-Fuß** | **MAX** |
|---|---|---|---|---|---|---|---|---|
| | a) 'Ger.wisch.Kost | * | | | **** | | | |
| ☞ | b) Ge.'wi.ko | | | | | *** | * | ****** |
| | c) 'Ger.wi.ko | * | * | | * | ** | | ***** |
| | d) 'Ge.wi.kost | * | * | | * | ** | | **** |

Beispiel 2 *Gewiko* erfüllt ebenfalls *Ons, NoCompOns* und *TrFuß*. Dementsprechend wird verstoßen gegen *Ident-IO* (*Fuß*). *Ident-IO* (*Fuß*) steht grundsätzlich in Konkurrenz zu *TrFuß*, und da *TrFuß* hoch gerankt ist, muss *Ident-IO* (*Fuß*) niedrig gerankt sein.

Verstoßen wird ebenfalls, da *NoCoda* und *NoCompl.Coda* erfüllt werden, gegen *MAX*, da alle Silben des Inputs geschlossen sind.

Die Forderung nach *TrFuß* und *NoCoda* hat darüber hinaus Auswirkungen auf die Vokalqualität, die mit *Ident-IO* (*Vokal*) erfasst wird und je Verstoß mit einem * versehen ist. Aus den ungespannten Vokalen des Inputs werden drei gespannte Vokale im Output. Um die Wohlgeformtheitsbeschränkung *NoCoda* zu erfüllen, muss sich wegen des Längenausgleichs die Vokalqualität von ungespannt zu gespannt ändern, da Silben nicht beliebig lang sein können, sondern an ein bestimmtes Längenmaß gebunden sind, das zwischen Silbenkern und -endrand stattfindet (Eisenberg 1998/2000:117).

Eine Silbe mit leerem Endrand hat in der Regel einen gespannten Vokal (*Knie*), eine Silbe mit komplexem Endrand dagegen einen ungespannten (*Kind*). Vokale in offenen Silben sind deswegen gespannt, in geschlossenen Silben dagegen ungespannt (siehe Kap. 7.2 dieser Arbeit). An den beiden Beispielen wird ersichtlich, dass in den Output immer Segmente der ersten Silbe der zugrunde liegenden Inputformen eingehen. Gekürzt wird dabei so, dass möglichst vollvokalische trochäische Formen mit italienischer Fremdwortgestalt entstehen (***Ed**uard **Scho**pf, **Ger**wis**chko**st*).

Ziehen wir ein weiteres Beispiel heran:

*Tab. 3: Hakle*

| | **Hans.'Klenk** | **Tr Fuß** | **Ons** | **No ComplOns** | **No Coda** | **Ident-IO (Fuß)** | **Ident-IO-V** | **Max** |
|---|---|---|---|---|---|---|---|---|
| | a) Hans.'Klenk | * | | * | ** | | | |
| ☞ | b) 'Ha.kle | | | * | | * | ** | **** |
| | c) 'Han.kle | | | * | * | * | * | *** |

Auch der Output *Hakle* weist Verbesserungen im Hinblick auf die Lautstruktur des zugrunde liegenden Inputs auf. Durch den Wegfall der Konsonantenverbindung [ns] der ersten und [ŋk] der zweiten Silbe des Inputs entsteht eine deutlich optimalere, weil leichter zu artikulierende Lautform. Der Kürzungsvorgang zieht zudem Veränderungen der Vokalqualität nach sich. Aus dem ungespannten [a] in *Hans* wird aufgrund des Längenausgleichs durch den Wegfall der Konsonanten [n] und [s] ein langes [a:], und aus dem offenen [ɛ] in *Klenk* entsteht eine auf Schwa endende Lautform. Diese ermöglicht, dass nach Oostendorp ein optimaler Trochäus mit maximalem Kontrast zwischen der betonten und der unbetonten Silbe entsteht: „The ideal binary foot contains a full vowel an a Schwa (in that order)“ (Oostendorp 1995:190). Zwar verändert sich durch den Kürzungsvorgang die Fußstruktur, aber zugunsten des präferierten trochäischen Fußmusters. An den bisherigen Beispielen wird ersichtlich, dass so gekürzt wird, dass möglichst vollvokalische trochäische Formen mit italienischer Lautgestalt entstehen (***Ed**uard **Scho**pf, **Ger**wis**chko**st, **Ha**ns **Kle**nk*). Auffallend ist, dass in den Output immer Segmente der ersten Silbe der zugrunde liegenden Inputformen eingehen. Das heißt, die Kopie des Wortanfangs – mitunter auch medialer Silben wie bei ***Ger**wis**chko**st* – geht in den Output ein und ist somit hochgerankt. Um den Erhalt der wortinitialen Segmente zu erklären, ziehen wir die Beschränkung *LEFT-ANCHORING* heran. Diese besagt, dass der linke Rand korrespondierender Formen einander entspricht:

*LEFT-ANCHORING*: Jedes Element am linken Rand des Inputs (Vollform) hat einen Korrespondenten am linken Rand des Outputs.

Ziehen wir zur Überprüfung ein weiteres Beispiel heran*: Milka,* entstanden aus dem zugrunde liegenden Input *Milch* (und) *Kakao*:

*Tab. 4: Milka*

| | **Milch+Ka.'kao** | **Tr Fuß** | **L-Anch.** | **Ons** | **No Compl Ons** | **No Coda** | **No ComplCoda** | **Ident-IO-V** | **MAX** |
|---|---|---|---|---|---|---|---|---|---|
| | a) Milch.Ka.'kao | * | | | | * | * | | |
| ☞ | b) ,Mil.ka | | | | | * | | | ***** |
| | c) Mi.'la.o | | * | * | | | | * | ***** |
| | d) ,Milch.ka | | | | | * | * | | *** |

Kandidat b) *Milka* geht in der Evaluation als optimal hervor. Er erfüllt die hochgerankte Beschränkung *TrFuß*, wie auch *Onset* und *NoComplOns*. Somit liegt mit Kandidat b) die bessere Struktur vor als mit Kandidat d) *'Milch.ka*. Erklären lässt sich dies durch die Wohlgeformtheitsbeschränkung *NoComplCoda. Milka* ist im Vergleich hierzu die optimalere Form, da sie lediglich gegen *NoCoda* verstößt, nicht aber gegen *NoComplCoda.*

Kandidat c) *Mi.'la.o* verstößt gegen *Ons., Ident-IO-V* wie auch gegen die hochgerankte Beschränkung *L-Anchoring*, insofern das wortinitiale Segment von ***K**akao* nicht in den Output übernommen wird.

*Tab. 5: Aldi*

| | **'Al.brecht.dis.'count** | **Tr Fuß** | **L-Anch.** | **Ons** | **No Comp Ons** | **No Coda** | **Ident-IO-V** | **MAX** |
|---|---|---|---|---|---|---|---|---|
| | a) Al.brecht.dis.'count | * | | * | * | **** | | |
| ☞ | b) 'Al.di | | | * | | * | * | *! |
| | c) Al.'dis.co | | | * | | ** | | *! |
| | d) 'Al.bri | | * | * | * | * | | *! |
| | e) 'Al.dis | | | * | | ** | | *! |

Der Produktname *Aldi* entsteht durch Übernahme der wortinitialen Silbe des ersten Lexems *Albrecht* und durch Übernahme von wortinitialen Segmenten des zweiten Lexems *Discount*. *Aldi* erfüllt neben *TrFuß, L-Anch., NoComp.Ons*. und *NoCoda*. Darüber hinaus erfüllt *Aldi* noch andere Kriterien. Mit der Endung *-i* entspricht *Aldi* dem Wortbildungsmuster der *i*-Bildung, die sich besonders bei der Bildung von Anredeformen bei Eigennamen durch eine Semantik des Vertrauten, Diminutiven und allgemein Kosenden auszeichnet.

Dass der Aspekt der Verkleinerung hier funktional zum Tragen kommt, ist nahe liegend, da sich hier Konnotationen im Hinblick auf die Preispolitik des *Aldi*-Konzerns ergeben; und zwar insofern, als über den Namen „sympathisch kleine Preise" konnotiert werden können.

Die konkurrierende Form *Aldis* (Kandidat e) erfüllt zwar auch *TrFuß, L-Anch.* und *NoComp.Ons*, weist jedoch zwei Verstöße gegen *NoCoda* auf.

Kandidat c) *Aldisco* wäre dagegen unter semantischem Aspekt insofern ungünstig, als sich hier überschneidende ungewollte Assoziationen zu anderen Kontexten ergeben würden (*Disko*). Kandidat d) *Albri* verstößt gegen die hochgerankte Beschränkung *L-Anch.*, da die wortinitialen Segmente von ***di**scount* nicht übernommen werden. Im Output sind nur die erste Silbe und Segmente der zweiten Silbe des ersten Lexems *Albrecht* enthalten, während das zweite Lexem *Discount* nicht im Output vertreten ist. *Albri* verstößt zudem gegen *NoCompOns.*, da die zweite Silbe einen komplexen Anfangsrand aufweist.

Die bisher analysierten Beispiele weisen demnach eine Gemeinsamkeit auf: In den Output gehen entweder Silben und Segmente von Silben des Inputs (*Eduscho, Aldi, Hanuta*) oder nur Segmente von Silben des Inputs ein (*Hakle, Gewiko*). Doch welche Gründe können allgemein für den Erhalt bzw. Wegfall des phonologischen Materials angegeben werden? Oder genauer gefragt, warum können die Silben *-sel* und *-fel* in Tab. 6 (*<u>Ha</u>sel<u>nu</u>ss<u>ta</u>fel*) wegfallen?

*Tab. 6: Hanuta*

| | **Ha.sel.nuss.ta.fel** | **Tr Fuß** | **L-Anch.** | **Ons** | **No Comp Ons** | **No Coda** | **MAX Lex** | **MAX Suffix** | **Ident-IO-V** |
|---|---|---|---|---|---|---|---|---|---|
| | a) Ha.sel.nuss.'ta.fel | * | | | | *** | | | |
| ☞ | b) Ha.'nu.ta | | | | | | | ** | * |
| | c) Ha.'nus.sa | | * | | | * | * | ** | |
| | d) 'Ha.sel.ta | * | * | | | * | * | * | |

Mit der dreisilbigen trochäischen Struktur entspricht *Hanuta* den Beispielen in Tab: 1 (*Eduscho*) und Tab: 2 (*Gewiko*). Erfüllt sind auch *Ons., NoCoda* und *TrFuß*. Um die gewünschte dreisilbige Lautstruktur mit offenen Silben zu erhalten, wird so gekürzt, dass sich aus einzelnen Silben des Inputs die gewünschten offenen Silben bilden. Dabei ist insofern ein optimaler Output herausgekommen, als gemessen am Input eine trochäische Form ohne komplexe Silbenendränder mit vollvokalisch endenden Auslauten entsteht.

Anhand von Tab. 5 können für die Übernahme der ersten und zweiten Silbe des Inputs folgende Gründe genannt werden:

1. Das phonologische Material der ersten Silbe ist salienter als die Silben mit Pseudosuffix. Gestützt wird dies durch Assimilationsprozesse. Typisch für das Deutsche ist die sog. Vokalreduktion von unbetonten Silben mit [ə] im Normalwortschatz, denn bezeichnenderweise wird in der Umgangssprache der frequente Schwa-Laut vor Sonoranten häufig weggelassen (z. B. standardsprachlich „laufen“ vs. umgangssprachlich „laufn“). Die sog. Schwa-Tilgung kostet zwar eine Silbe, der geringe Informationsgehalt der Schwa-Silbe beeinträchtigt jedoch nicht die Transparenz der Wortform.

Was phonetisch salienter ist, bleibt in den durch Kürzung entstandenen Produktnamen erhalten. Die Übernahme der ersten Silbe verdankt sich insofern der größeren phonetischen Salienz.

2. Der Erhalt der wortinitialen Silbe im Output kann weiterhin mit der Funktion der Segmente erklärt werden. Die wortinitialen Segmente sind Träger der lexikalischen Funktion – im Gegensatz zur grammatischen Funktion der nichtlexikalischen Segmente. In der ersten Silbe liegt die lexikalische Information der Wortform, zugleich fokussiert sich auf sie die Perzeption. Dass die erste Silbe unter kognitiven Aspekten eine wesentliche Rolle für das Wiedererkennen von Wörtern spielt, konnte durch Worterkennungstests bestätigt werden. Nach Cutler et al. (1985) liegt der „psychologisch“ saliente Teil eines Wortes am Wortanfang. Der Wortanfang ist „the most successful cue“ (Cutler et al. 1985:736) für die erfolgreiche Wiedererkennung eines Wortes. Unter silbenphonologischen Gesichtspunkten sind onsets „(…) the most salient word parts (…)“ (Cutler et al. 1985:742).

Bestätigt wird die Asymmetrie der Wortbedeutung innerhalb eines Wortes auch bei Casali (1997:502). Das Wort *dwindle* wurde in Worterkennungstests erkannt, nachdem die ersten drei Segmente gehört worden waren.

Für unseren Kontext führen wir deshalb die Beschränkung *MAXLex* heran, die wie folgt definiert ist:

*MAXLex*: Jedes Segment des lexikalischen Inputs oder Morphems muss ein korrespondierendes Segment im Output haben (Casali 1997:501).

Bei *MAXLex* handelt es sich um eine Beschränkung, die zu den „position-sensitive constraints“ gehört, die den Erhalt von bestimmten Segmenten in bestimmten morphologischen Positionen fordern (Casali 1997:500).

Die Beschränkung *MAXLex* beruht auf der Unterscheidung des semantischen Gehalts der lexikalischen Elemente im Vergleich zu den nicht-lexikalischen Elementen. Alle Wurzeln und Stämme sind lexikalische Elemente, Affixe dagegen sind nicht-lexikalisch (Casali 1997:501).

Mit Hilfe einer weiteren Treuebeschränkung kann entsprechend der Wegfall der Schwa-Silben in Tab. 6 (*Haselnusstafel*) *MAXSuffix* erklärt werden. *MAXSuffix* fordert, dass die Schwa-Segmente des Inputs in der Outputform realisiert werden. Zur Erreichung eines Outputs, der die hochgerankte Beschränkung *NoCoda* nicht verletzten darf, muss *MAXSuffix*, auch aufgrund des geringen Informationsgehalts, niedrig gerankt sein.

Die genannten Aspekte der durch Kürzung entstandenen Produktnamen lassen sich in der OT-Beschränkungshierarchie wie folgt ausdrücken:

PN(Kurzform): Prosodische Beschränkungen (*TrFuß*) >> *L-Anch.* (Treuebeschränkung) >> Wohlgeformtheitsbeschränkungen (*Ons, NoCompl.Ons. NoCoda*)

## 8.5.1 Zusammenfassung

Die Analyse der Produktnamenbildung durch Wortkürzung konnte zeigen, dass sich übergreifende Präferenzen abzeichnen.

Die analysierten Beispiele weisen mit ihrer Tendenz zu offenen Silben und einfachen Silbenrändern universell präferierte Strukturtypen auf – wie erwähnt haben 40% der Zweisilber und rund 54% der Dreisilber diese Struktur. Die Tendenz zu offenen Silben beinhaltet wesentliche Vorteile im Hinblick auf die Anforderungen, die an Produktnamen gestellt werden, wie z.B. leichte Artikulierbarkeit, Perzipierbarkeit und leichte Memorierbarkeit, die im Folgenden noch einmal zusammengefasst werden:

1. Vermeidung schwerer Silbenränder:

   - Durch offene Silben werden komplizierte und schwere Konsonantenverbindungen am Silbenendrand vermieden (hierzu Ronneberger-Sibold 2001:125), die im Hinblick auf Artikulierbarkeit aufwendiger sind. Der vollvokalische Auslaut der durch Kürzung entstandenen Produktnamen stellt zu den teilweise sehr schweren Silbenendrändern des Deutschen mit bis zu vier Konsonanten (*Herbst*) zudem eine deutliche Verbesserung der Perzipierbarkeit dar. Die Analyse konnte belegen, dass durch das Kürzungsverfahren schwere Silbenränder wegfallen – ***Eduard Schopf*** → **Eduscho**, ***Albrecht Discount*** → **Aldi**, ***Hans Klenk*** → **Hakle** usw.

Die durch Kürzung entstandenen Produktnamen stellen hier zweifellos eine optimale Lautgestalt dar. Im Hinblick auf bessere Artikulierbarkeit sind die auf Vollvokal endenden Produktnamen zwar weniger optimal als die Vielzahl der Wörter des Normalwortschatzes, die auf [ə] enden; erfordert doch Schwa als der unmarkierteste Vokal im Deutschen den geringsten Artikulationsaufwand.

Die Tendenz zu offenen Silben unterstützt weiterhin:

2. Werbe- und Appellfunktion von Produktnamen:

    - Ein Produktname muss im Gegensatz zu einem Appellativ nicht nur benennen, er muss vielmehr Aufmerksamkeit erregen. Das heißt, er muss sich vom Normalwortschatz deutlich abheben.
      Auf Vollvokal endende Produktnamen ermöglichen z. B. die Annäherung an eine prototypische italienische (*Eduscho*), an die französische (*Miree*) oder spanische (*Jogolé*) Fremdwortgestalt, die sich vom Normalwortschatz abhebt. Insofern wird auch einer weiteren Forderung an Produktnamen Rechnung getragen:

3. Internationalität von Produktnamen:

    - Im Allgemeinen sollten Produktnamen in allen gängigen Sprachen gut auszusprechen sein. Offene Silben, d. h. auf Vollvokal endende Silben, kommen international am häufigsten vor (Latour 1996:42). Im Englischen sind es 55%, im Französischen 75%, im Spanischen und Italienischen 74% (Latour 1996:42).

4. Kopie der ersten Silbe der Konstituenten:

    - Die Kopie der ersten Silbe erleichtert es, Rückschlüsse auf die zugrunde liegende Form zu ziehen, ein Aspekt, der die Transparenz der jeweilig gekürzten Form unterstützt. Dass dem Wortanfang als bevorzugtem Träger der Information eine besondere Bedeutung zukommt, konnten Worterkennungstests belegen. Der Wortanfang beeinflusst maßgeblich die Wiedererkennung von Wörtern (Cutler 1985:763/764): „(…) the beginning positions are the most effective cues for successfull recall and recognition of a word (…); and the effects of disorting the beginning of a word are much more severe than the effects of disorting later positions (…). Yet the evidence shows clearly that although onsets are unquestionable the most salient word parts (…)“.

# 9. Kunstwörter

Die bisher analysierten Produktnamen ließen sich im Rahmen bestimmter Wortbildungstechniken wie Derivation (Kap. 3.3) und Wortkürzung (Kap. 7) untersuchen: Für die Produktnamen, die mit Hilfe italienischer Suffixe gebildet werden, konnte ein Wortbildungsverfahren ermittelt werden, das auf Derivation beruht, jedoch Abweichungen von der standardsprachlichen Derivation aufweist, da die Ableitung spezielle Stammformen benötigt, die die Derivation in der Standardsprache nicht vorsieht. Speziell insofern, als die Derivationsstammformen der Produktnamen in den meisten Fällen nicht auf der Basis von Stämmen gebildet werden, sondern von Stammsegmentformen, die bestimmten phonologischen Anforderungen entsprechen müssen. Genannt wurde hier die Übernahme der ersten Silbe bzw. des ersten Segments mit obligatorisch konsonantisch besetztem Endrand (Kap. 5.2).

Bei der Wortkürzung (cf. Kap. 7) wurde aus der Anfangssilbe oder dem Anfangssegment des Basislexems eine Silbenform künstlich hervorgebracht.

Die Wortkürzung eignet sich in besonderem Maße zur Produktnamenbildung und ist durch konstruktionelle Freiheiten gekennzeichnet, die die Ableitung als Wortbildungstyp nicht zulässt und auch nicht zulassen kann, gehört sie doch zur Wortbildung, während die Wortkürzung genau genommen zur Wortschöpfung zu rechnen ist. Kürzen und Zusammenfügen von Silben unterliegen keinen festen Regeln, sondern vielmehr den Fertigkeiten der Sprachbenutzer, die diese recht frei einsetzen können. Dass in vielen Fällen die erste Silbe oder wortinitiale Segmente der Vollform in den Output eingehen[35], ist keiner Regelvorgabe geschuldet, sondern vielmehr dem Umstand, dass die wortinitiale Silbe im Hinblick auf Worterkennung universell ausgezeichnet ist (Kap. 8.5).

Ein wesentlicher Aspekt der Wortkürzung für die Produktnamenbildung besteht darin, artikulatorisch und perzeptorisch schwierige Lautkombinationen der Basislexeme wie Konsonantencluster zugunsten einfacher Lautverbindungen „wegzukürzen" (Bsp.: *Eduard Schopf* < *Eduscho*).

Lautliche Präferenzen können nicht frei gewählt werden, sondern hängen von den Zufälligkeiten der Ausgangsformen ab. Dennoch können Produktnamen so kreiert werden, dass sie wirkungs- und appellorientiert sind und zudem auch

---

35 Lediglich *Toblerone* (<u>Tobler</u> + Torr<u>one</u>) und *Vivil* (<u>viv</u>ere + o<u>il</u>) sind die einzigen Ausnahmen, in denen nicht- initiale Segmente in die Kürzung eingehen.

euphonischen Aspekten Rechnung tragen. Die Wortkürzung unterscheidet sich von der Ableitung durch Freiheiten, die es erlauben, durch Kürzung die Lautgestalt zu erhalten, die sich für einen Produktnamen gut eignet. Der Unterschied lässt sich folgendermaßen erklären:

Das Resultat der Wortschöpfung ist outputorientiert und wird nicht regelgeleitet aus dem Input entwickelt, während sich ein Output, wie z.B. bei der Ableitung, nur unter Anwendung einer Regel ergibt. (hierzu ausführlich Ronneberger-Sibold 1998:216ff).

## 9.1 Kunstwörter als Wortneubildung

Im Folgenden sollen die Produktnamen untersucht werden, die weder durch Ableitungen noch durch Kürzungsprozesse entstanden sind, sondern Resultat freier Techniken sind, die Veränderungen in Lautung und Graphie vornehmen. Das heißt, als Kunstwörter werden solche Produktnamen angesehen, die nicht über Wortbildungsregeln, sondern über freie kreative Techniken entstanden sind.

Wenn die folgenden als Kunstwörter bezeichneten Produktnamen als Wortneubildungen oder Neologismen definiert werden, so stellt sich die Frage, inwieweit dies gerechtfertigt ist. Im Folgenden soll daher der Begriff „Wortneubildung – Neologismus" näher bestimmt werden.

## 9.2 Wortneubildungen - Neologismen

Wörtlich genommen heißt *Neologismus* zunächst „Neuwort" (Bußmann 1990:520). Ein Neologismus ist nach Kinne (1996:343) eine Wortschatzeinheit, die sich entweder durch Form und Bedeutung oder nur in der Bedeutung von bereits etablierten Einheiten abhebt.

Eine ähnliche Definition findet sich auch bei Heller et al. (1988:7), nach dem sich ein Neologismus sowohl in Form und Inhalt oder in beiden von bereits vorhandenen Lexemen unterscheiden muss.

Doch nicht jedes neue Wort ist ein Neologismus. Neue Wörter können auch durch Entlehnung oder Phraseologisierung entstehen.

Abzugrenzen sind Neologismen deshalb von Entlehnungen, Phraseologismen und von lexikalisierten Wortbildungsprodukten (Barz 1998:12).

Die Differenzierungen fallen für die Erstgenannten aufgrund eindeutiger Kriterien nicht schwer – bei Entlehnungen die fremdsprachige Herkunft und bei Phraseologismen die Wortgruppenstruktur. Bei Wortneubildungen dagegen ist die zeitlich begrenzte Eigenschaft „Neuheit" – so Barz – „weder formal noch semantisch zuverlässig am Wort zu erkennen" (Barz 1998:12).

Einen wesentlichen Aspekt der Wortneubildungen, auf den im Folgenden näher eingegangen werden soll, stellt der Neuheitseffekt dar. Bezogen auf den Aspekt *Neuheit* stellen Wortneubildungen nach Barz eine „zeitlich markierte Untermenge" (1998:12) unter bereits existierenden und somit unmarkierten Wortbildungsprodukten dar.

Neue Wörter können dabei unter zwei Aspekten als Teilmenge von bereits bestehenden lexikalischen Einheiten abgegrenzt werden: nach ihrer zeitlichen Markierung und nach ihrer morphologischen und semantischen Transparenz, die Voraussetzung für den Neuheitseffekt ist. Was ist mit Neuheitseffekt gemeint, oder wann wird ein Wort als neu empfunden? Als neu empfindet der Sprachbenutzer ein Wort, je stärker es im Widerspruch zu seinem Sprachwissen steht. Umgekehrt wird er es als umso bekannter finden, je mehr bekannte sprachliche Elemente es enthält.

Folgende Aspekte tragen zur „Bekanntheit" von Wörtern bei:

1. <u>Die Regelmäßigkeit in der Wortbildung</u>
   Ein nach einem bereits bekannten Strukturmuster gebildetes Wort wird als weniger neu empfunden, da der Sprachbenutzer sich auf verfestigte Strukturmuster beziehen kann und die „Gebrauchsbedingungen" für die Wortbildungserscheinung kennt (hierzu Wilss 1985:279). Ein regelmäßig gebildetes Wort lässt sich – so Barz (1998:14) – an gleich strukturierte Wörter, d.h. an Wortbildungsparadigmen anschließen. Ein neu gebildetes Wort wirkt umso bekannter, je weniger es von den Wortbildungsparadigmen abweicht; die „Paradigmenstütze" (Ortner/Ortner 1984:167) mindert so den Neuheitseffekt.
2. <u>Die semantische Transparenz der lexikalischen Einheit</u>
   Die semantische Transparenz trägt ebenfalls zur Bekanntheit von Wortbildungen bei, genauer gesagt die kontextfreie Verständlichkeit in Bezug auf das Wortwissen und Wortschatzstrukturwissen (Barz 1998:14).
3. <u>Die allmählich einsetzende Lexikalisierung</u>
   Der Lexikalisierungsgrad steht in diametral entgegengesetztem Verhältnis zum Neuheitseffekt, d.h. die einsetzende Lexikalisierung führt zum Abbau des Neuheitseffekts (Barz 1998:14).
   Im Hinblick auf Lexikalisierung fällt die Differenzierung zur Produktnamenbildung weniger leicht. Denn gerade bei Produktnamen können Gründe angeführt werden, die zur Lexikalisierung führen: So gibt es Produktnamen, die aufgrund ihrer hohen Gebrauchsfrequenz einen festen Platz in der appellativischen Lexik haben. Dies betrifft z.B. stark etablierte Produktnamen wie *Tesa* (*Klebestreifen*),

*Tempo* (Taschentücher), *Aspirin* (Kopfschmerztablette), die nicht selten anstelle des zugrunde liegenden Appellativs verwendet oder undifferenziert auf Produkte anderer Hersteller übertragen werden. In seltenen Fällen ist der Ursprung der Produktbezeichnung sogar vollständig in Vergessenheit geraten, wie z.B. bei dem Haartrockner *Fön*. Zu den Gründen, die bei Produktnamen zu Lexikalisierung führen, kann demnach der nachhaltige Erfolg eines Produkts, die sprachliche Ökonomie des Produktnamens im Vergleich zum Gattungsbegriff und sogar dessen Fehlen genannt werden – wie im Fall von *Grammophon*, wofür kein Appellativ existiert. Doch dies trifft nur auf eine geringe Anzahl von Produktnamen zu.

## 9.3 Einführung in das Datenmaterial der Kunstwörter

In das folgende Datenmaterial der insgesamt 61 Kunstwörter wurden nur Produktnamen aufgenommen, die durch folgende Charakteristika gekennzeichnet sind:

1. Produktnamen, die sich durch nicht standardsprachliche Lautverbindungen auszeichnen, wie z.B. Veränderungen im An- und Auslaut. Hier können bereits geringe Eingriffe an der Lautstruktur standardsprachliche Wörter zu Kunstwörtern machen (z.B. *Smild, Rama, Wella*).
2. Produktnamen, die als Onomatopoetika interpretiert werden können (*Slurp, Miam*).
3. Produktnamen, die reine Kunstwörter im Sinne einer Wortneuschöpfung sind und weder morphologische noch semantische Konzepte aufweisen: (*Fritt, Kiri*). Zu den Wortneuschöpfungen werden auch Palindrome wie *Oxo* und *Maoam* gezählt, da sie ebenfalls morphologisch und semantisch nicht transparent sind. Palindrome können keine Aufschlüsselung über Art, Funktion oder Hersteller geben, gehen nicht mit inhaltlicher Information einher. Sie können, wie im Einzelnen zu zeigen sein wird, nur Assoziationen in Relation zum Produkt vermitteln und sind insofern vornehmlich auf Lautbedeutsamkeit hin angelegt.
4. Ebenfalls zu den Kunstwörtern zählen Produktnamen, die zwar auf native und nicht-native Morpheme zurückzuführen sind, jedoch in quasi-phonetischer Orthographie erscheinen und auch auf Lautbedeutsamkeit hin konzipiert sind (*Tschisi, Bifi*).

Dass Lautbedeutsamkeit bei fehlender morphologischer und semantischer Transparenz bei Kunstwörtern eine Rolle spielt, darauf wird innerhalb der Analyse noch näher einzugehen sein (cf. Kap. 10.3). Die Aufgabe der Kunstwörter ist nach

Elsen (2004:175) klar: Auch wenn sie nicht Onomatopoetika sind, müssen sie „natürlich“ über ihre Lautbedeutsamkeit wirken. Auf alle von 1. bis 4. definierten Kunstwörter treffen die Merkmale, die eine Wortneubildung ausmachen, zu: In allen Fällen handelt es sich weder um Entlehnungen noch um Phraseologismen.

## 9.4 Silbenzahlen der Kunstwörter

In der folgenden Abbildung sind die prozentualen Häufigkeiten der Ein- bis Viersilber der Kunstwörter aufgeführt.

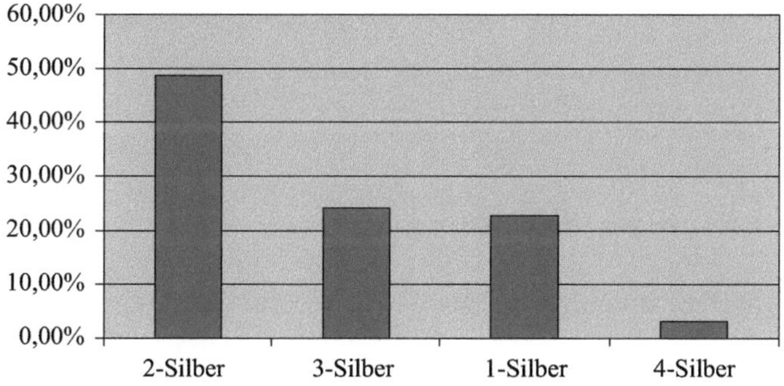


*Abb. 1: Silbenzahlen der Kunstwörter*

Bei den Kunstwörtern wird Zweisilbigkeit mit 49,18% eindeutig bevorzugt. Mit großem Abstand folgten die Dreisilber mit 24,59%, dann die Einsilber knapp dahinter mit 22,95%. Die Viersilber stellen mit nur 3,27% ganz offensichtlich eine unbeliebte Silbenzahl dar. Vergleichen wir die prozentuale Verteilung der Kunstwörter mit denen der Kurzwörter, so zeigen sich hier deutliche Parallelen (cf. Kap. 7.7): Zur besseren Übersicht sind die prozentualen Verteilungen der beiden Korpora in einer Tabelle angeführt.

| Kurzwörter | Kunstwörter |
|---|---|
| 2-Silber: 49% | 2-Silber: 49,18% |
| 3-Silber: 29% | 3-Silber: 24,59% |
| 1-Silber: 17,7% | 1-Silber: 22,95% |
| 4-Silber: 4,4% | 4-Silber: 3,27% |

*Abb. 2: Vergleich der Silbenzahlen der Kurzwörter mit denen der Kunstwörter:*

Auch die Kurzwörter bevorzugen wie die Kunstwörter Zweisilber mit 49%. Es folgen die Dreisilber mit 29% und erst mit 17,7% die Einsilber. Die Viersilber sind mit nur 4,4% - ähnlich wie bei den Kunstwörtern - die am geringsten vertretene Gruppe.

Der Vergleich der beiden Korpora lässt übergreifende Präferenzen erkennbar werden: Im Hinblick auf die bevorzugten Silbenzahlen gibt es deutliche Parallelen: Zweisilbigkeit ist vor allen anderen Silbenzahlen eine deutlich bevorzugte Silbenzahl mit fast identischen Werten. Viersilbigkeit stellt dagegen eine unbeliebte Silbenzahl dar, und auch hier liegt die prozentuale Verteilung dicht beieinander. Unterschiede gibt es lediglich bei den Dreisilbern, die zwar bei den Kunst- als auch den Kurzwörtern die „zweitbeliebteste" Silbenzahl darstellen. Bei den Kunstwörtern ist die prozentuale Differenz der Dreisilber zu den Einsilbern weitaus geringer als bei den Kurzwörtern, bei denen die Dreisilber mit 29% deutlich vor den Einsilbern mit 17,7% liegen.

## 9.5 Silbenformen der Kunstwörter

Die folgenden Diagramme zeigen die Silbenformen, genauer gesagt die Kombinationen aus offenen Silben oder offenen und geschlossenen Silben, für eine bestimmte Silbenzahl. Zur besseren Übersicht sind die Ein- und Zweisilber in Abb. 3 und die Drei- und Viersilber in Abb. 4 zusammengefasst:

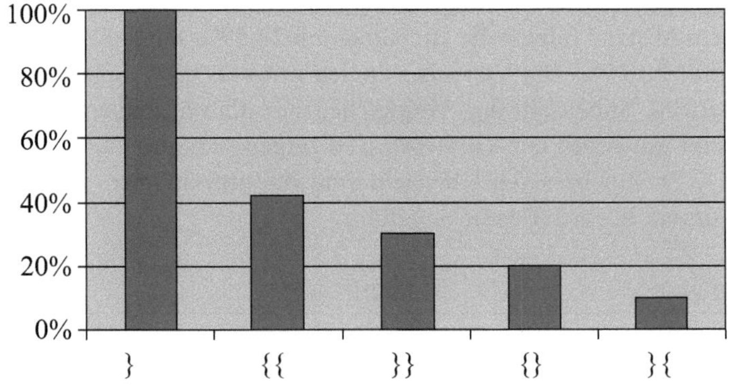


*Abb. 3: Silbenformen der Ein- und Zweisilber*

Die Präferenzen für eine Silbenform fallen bei den Einsilbern eindeutig aus. Bei den Kunstwörtern liegt eine absolute Präferenz für geschlossene Silben vor, d.h. es gibt keine offenen Silben. Bei den Zweisilbern der Kunstwörter werden die Silbenformen { {, also die Kombination aus zwei offenen Silben, mit 40% vor allen anderen präferiert, gefolgt von den Formen } } mit einem prozentualen Anteil von 30%. Mit 20% sind die Silbenformen { } und mit nur 10% die Formen } { vertreten.

Vergleichen wir an dieser Stelle die Silbenformen der Kunstwörter mit denen der Kurzwörter, um zu sehen, ob sich möglicherweise übergreifende Präferenzen für eine Silbenform abzeichnen. Zur besseren Übersicht werden die Ergebnisse, getrennt nach Silbenzahl, jeweils in einer Tabelle gegenübergestellt:

*Tab. 1: Vergleich der Silbenformen der Kunstwörter mit denen der Kurzwörter (Einsilber)*

| | **Kunstwörter** | **Kurzwörter** |
|---|---|---|
| } | 100% | 75% |
| { | – | 25% |

Bei den Einsilbern der Kunst- wie auch der Kurzwörter werden geschlossene Silben bevorzugt. Im Gegensatz zu den Kunstwörtern, die ausschließlich geschlossene Silben aufweisen, sind bei den Kurzwörtern offene Silben mit 75% vertreten, geschlossene entsprechend mit 25%. Vergleichen wir nun die Silbenformen der Zweisilber:

*Tab. 2: Vergleich der Silbenformen der Kunstwörter mit denen der Kurzwörter (Zweisilber)*

| | **Kunstwörter** | **Kurzwörter** |
|---|---|---|
| {{ | 40% | 40% |
| }} | 30% | 9% |
| {} | 20% | 23% |
| }{ | 10% | 27% |

Bei den Zweisilbern fallen die Präferenzen sowohl für die Kunstwörter als auch für die Kurzwörter für bestimmte Silbenformen gleich aus: Die Formen { { werden mit jeweils 40% deutlich vor allen anderen Silbenformen bevorzugt.

Erhebliche Differenzen zeigen sich dagegen bei den Silbenformen } }: Bei den gekürzten zweisilbigen Produktnamen stellen sie mit 9% die am wenigsten präferierten Silbenformen dar, während sie bei den Kunstwörtern mit 30% als die „zweitbeste" auftreten.

Am wenigsten präferiert sind bei den zweisilbigen Kunstwörtern die Silbenformen } {, also die Kombination aus einer geschlossenen und einer offenen Silbe;

sie machen nur 10% aus, während sie bei den Kurzwörtern mit 27,2% vertreten sind und damit die zweitbevorzugten Silbenformen darstellen.

Die Silbenformen { } sind im Vergleich der Kunstwörter mit den Kurzwörtern prozentual fast gleich vertreten: bei den Kunstwörtern mit 20% und bei den Kurzwörtern mit rund 23%.

Vergleichen wir im Folgenden die Silbenformen der Dreisilber.

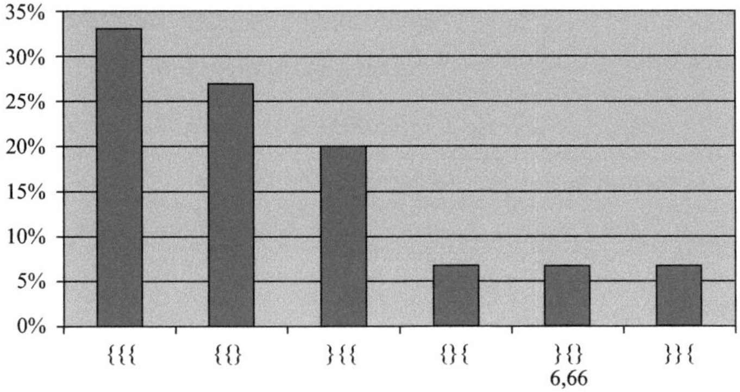


*Abb. 4: Silbenformen der Dreisilber*

Wie bei den Ein- und Zweisilbern zeichnen sich auch bei den Dreisilbern der Kunstwörter deutliche Präferenzen ab: Die silbischen Formen { { {, also die Kombination aus drei offenen Silben, werden mit 33% deutlich bevorzugt (z.B. *Danablu*). Die zweitbeliebtesten Formen stellen mit rund 27% die Formen { { } (z.B. *Caramac*) dar, gefolgt von den Silbenkombinationen } { { (z.B. *Exquisa*) mit 20%. Die Silbenformen { } { (z.B. *Balisto*), } { } (z.B. *Mondamin*) und } } { (z.B. *Belmanda*) sind dagegen mit jeweils nur 6,66% vertreten.

Die Kombination aus drei geschlossenen Silben, d.h. } } }, ist bei den Dreisilbern nicht vertreten.

Ziehen wir auch hier den Vergleich zu den Kurzwörtern:

*Tab. 3: Vergleich der Silbenformen der Kunstwörter mit denen der Kurzwörter (Dreisilber)*

| | **Kunstwörter** | **Kurzwörter** |
|---|---|---|
| { { { | 33% | 54% |
| { { } | 27% | |
| } { { | 20% | 8% |
| { } { | 6.66% | 15% |
| } { } | 6.66% | 23% |

Die bevorzugten silbischen Formen der Kunst- wie auch der Kurzwörter bestehen aus einer Kombination von drei offenen Silben. Die Präferenzen für diese Silbenformen fallen bei den Kurzwörtern mit 54% eindeutiger aus als bei den Kunstwörtern. Hier liegen die prozentualen Werte mit 33% nur knapp vor den zweitbevorzugten Silbenformen { { }.

Die beiden einzigen viersilbigen Korpusbelege (*Calapuno*, *Bebivita*), weisen die Silbenformen { { { { auf, wie auch der eine Beleg von zwei Belegen bei den Kurzwörtern (*Toblerone*) nur offene Silben enthält. Der zweite Beleg *Knusperone* weist eine initiale geschlossene Silbe und drei geschlossene Silben auf.

In Anbetracht der gering vertretenen Belege der Viersilber sind die sich abzeichnenden Präferenzen nur sehr bedingt aussagekräftig.

*Tab. 4: Vergleich der Silbenformen der Kunstwörter mit denen der Kurzwörter (Viersilber)*

| | **Kunstwörter** | **Kurzwörter** |
|---|---|---|
| { { { { | 100% | 50% |
| } { { } | – | 50% |

Fassen wir die Ergebnisse der Silbenformen der Kunstwörter kurz zusammen: Der Vergleich der Ein- bis Viersilber der Kunstwörter hat übergreifende Präferenzen hervorgebracht: Die bevorzugten Silbenformen der Zwei-, Drei- und Viersilber bestehen aus einer Kombination aus offenen Silben – die Zweisilber der Kunst- und der Kurzwörter weisen dabei prozentual gleiche Werte auf (jeweils 40%).

# 9.6 Silbenränder der Kunstwörter

## 9.6.1 Silbenränder der Einsilber

Silbenanfangsränder:

Nachdem in Kap. 9.5 präferierte Silbenformen der Kunstwörter herausgestellt wurden, werden wir uns im Folgenden der Besetzung der Silbenränder, zunächst der Silbenanfangsränder getrennt nach Silbenzahl, widmen. Die Kennzeichnung der einzelnen Besetzungen ist an die abkürzende Notation C (engl. *consonant*) für Konsonanten und entsprechend V (engl. *vowel*) für Vokale angelehnt. Da es im Deutschen, außer bei Reduktionssilben, keine Silben gibt, bei denen dem Silbenkern kein Laut vorausgeht, wird ein anlautender Vokal mit GV wiedergegeben (G = *Glottisschlag*). Die Einsilber, die mit 14 Belegen vertreten sind, sind folgendermaßen besetzt:

| | |
|---|---|
| 1. **C**VC | = 28% |
| 2. **CC**VC(C) | = 71,42% |

Mit insg. 71,42% werden komplexe Silbenanfangsränder bei den Einsilbern bevorzugt. Einfache Silbenränder sind dagegen nur mit 28% vertreten. Die fakultative Besetzung der Silbenendränder bei identischer Besetzung des Silbenanfangsrands ist hier wie auch im Folgenden der Vollständigkeit halber mit (C) mitangegeben:

<u>Silbenendränder:</u>

Für die Silbenendränder liegt folgende Verteilung vor:

| | |
|---|---|
| 1. (C)CV**C** | = 63,71% |
| 2. CCV**CC** | = 35,71% |

Insgesamt weisen rund 63,71% der Einsilber einfache Silbenendränder auf; nur 35,71% haben komplexe Anfangsränder. Ziehen wir zum Vergleich die Zweisilber heran:

## 9.6.2 Silbenränder der Zweisilber

<u>Silbenanfangsränder:</u>

Von den insgesamt 30 Zweisilbern weisen 19, d.h. 63,33%, einfache Silbenanfangsränder auf. Im Folgenden ist die Besetzung der Silbenanfangsränder nach ihrer prozentualen Verteilung aufgeführt:

| | |
|---|---|
| 1. **C**V.**C**V | = 26,66% |
| 2. **C**VC.**C**V(C) | = 20% |
| 3. **C**V.**C**VC(C) | = 10% |
| 4. GVC.**C**V(C)(C) | = 6,66% |

Die bevorzugte Silbenstruktur ist mit 26,66% die Struktur **C**V.**C**V, also eine Verbindung aus einem einfachen Silbenanfangsrand mit offenem Silbenendrand, gefolgt von der Struktur **C**VC.**C**V(C)mit 20%. Mit 10% sind Silbenformen vertreten, deren erste Silbe offen und die zweite geschlossenen ist. Vokalisch beginnende Silbenformen sind nur mit 6,66% vertreten, was drei Belegen entspricht. Die zugrunde liegende präferierte Silbenstruktur besteht demnach aus einfach besetzten Silbenanfangsrändern mit einem prozentualen Anteil von 56,66%:

| | |
|---|---|
| **C**V(C).**C**V(C)(C) | = 56,66% |

Dagegen weisen nur 11 Belege, entsprechend 36,60%, komplexe Silbenanfangsränder auf, die bevorzugt am Wortanfang auftauchen. Die Verteilung weist dabei zwei Strukturtypen auf: Komplexe Silbenanfangsränder treten entweder in der ersten oder der zweiten Silbe auf, jedoch nie in der ersten und zweiten Silbe zugleich.

| | |
|---|---|
| 1. **CC**V(C).**C**V(C)(C) | = 23,29% |
| 2. **C**V.**CC**V(C)(C) | = 6,66% |
| G**V**.**CC**V | = 6,66% |

Silbenendränder

| | |
|---|---|
| 1. (C)C**V**.(C)C**V** | = 30% |
| 2. (C)CV**C**.CV**C** | = 16,66% |
| 3. C**V**.(C)CV**C** | = 10% |
| (C)CV**C**.C**V** | = 10% |
| CCV**C**.CV**CC** | = 10% |
| 4. (C)C**V**.CV**CC** | = 6,66% |
| G**V**.(C)C**V** | = 6,66% |
| 5. G**V**.CCV**CC** | = 3,33% |
| GV**C**.C**V** | = 3,33% |
| GV**C**.CV**CC** | = 3,33% |

Mit 30% wird eine Wortstruktur mit zwei offenen Silbenendrändern in beiden Silben vor allen anderen präferiert. Ihr folgt mit 16,66% eine Wortstruktur mit einfachen Silbenendrändern der ersten und zweiten Silbe. Mit jeweils 10% sind Wortstrukturen vertreten, deren erste Silbe einen leeren Silbenendrand aufweist, die zweite dagegen einen einfachen und umgekehrt. Komplexe Endränder kommen nur am Wortende mit insgesamt sechs Belegen vor, was einem prozentualen Anteil von 23% entspricht. 10% der Produktnamen weisen eine Wortstruktur auf, die gespiegelt an der Silbengrenze, zu einer identischen CV-Besetzung der beiden Silben führt (3. CCV**C**.CV**CC**). Produktnamen, die mit einem Vokal beginnen, sind mit insgesamt 16,65% vertreten, was fünf Belegen entspricht.

## 9.6.3 Silbenränder der Dreisilber

Silbenanfangsränder

Wie die Zweisilber bevorzugen auch die 15 Dreisilber in allen drei Silben einfache Silbenanfangsränder und zwar mit einer deutlichen Präferenz von 86%.

| | |
|---|---|
| 1. CV.CV.CV | = 86% |
| 2. CV.CV.CCV | = 7,6% |
| GVC.CCV.CV | = 7,6% |

Wenn komplexe Silbenanfangsränder auftreten, dann nur in der medialen oder letzten Silbe, jedoch nie am Wortanfang. Sie sind mit jeweils 7,6% vertreten, was einem Beleg entspricht.

Betrachten wir in diesem Zusammenhang die Besetzung der Silbenanfangsränder insgesamt, so zeigt sich im Vergleich einfacher zu komplexen Anfangsrändern am Wortanfang folgendes Verhältnis: Von den insgesamt 54 Kunstwörtern mit konsonantischem Silbenanfangsrand weisen 37 Produktnamen, d.h. 68,51%, einfache Silbenanfangsränder auf, 17 Produktnamen, also 31,48%, haben komplexe Silbenanfangsränder. Einfache Silbenanfangsränder werden offensichtlich bevorzugt.

Silbenendränder

| | |
|---|---|
| 1. CV.CV.(C)CV | = 33,33% |
| 2. CV.CV.CVC | = 20,00% |
| 3. CVC.CV.CV | = 13,33% |
| CVC.CVC.CV | = 13,33% |
| 4. CV.CVC.CV | = 6,66% |
| CVC.CV.CVC | = 6,66% |
| GVCC.CCV.CV | = 6,66% |

Die Besetzung der Silbenendränder zeigt eine auffällige Deckungsgleichheit zu der der Zweisilber: Eine Wortstruktur, bestehend aus offenen Silben bzw. leeren Endrändern, wird mit 33,33% vor allen anderen deutlich bevorzugt. Bei den Zweisilbern ist die vergleichbare Struktur mit 30% vertreten. Mit 20% stellt die Silbenform CV.CV.CVC die zweithäufigste dar. Mit jeweils 13,33% sind die Silbenstrukturen CVC.CV.CV und CVC.CVC.CV vertreten. An vierter Stelle steht die Silbenstruktur CV.CVC.CV mit 6,66%. Ebenfalls 6,66% machen die Formen

CV**C**.C**V**.CV**C** und GV**CC**.CC**V**.C**V** aus. Anders als die Zweisilber weisen die Dreisilber so gut wie keine komplexen Silbenränder auf. Lediglich zwei Belege (*Danablu, Exquisa*) haben komplexe Silbenanfangsränder. Komplexe Silbenendränder kommen dagegen nur einmal vor, was einem prozentualen Anteil von 6,66% entspricht.

### 9.6.4 Silbenränder der Viersilber

<u>Silbenanfangsränder</u>

Die Viersilber, die nur zweimal belegt sind (*bebivita, Calapuno*), weisen nur einfache Silbenanfangsränder auf:

| 1. **C**V.**C**V.**C**V.**C**V |
|---|

<u>Silbenendränder</u>

Die Silbenendränder der Viersilber sind durchweg offen und weisen somit folgende Struktur auf:

| 1. C**V**.C**V**.C**V**.C**V** |
|---|

Für die beiden Belege zeichnen sich zwar Präferenzen für eine Silbenstruktur ab, die scheinbar die ermittelten Präferenzen der Zwei- und Dreisilber stützen. Auch hier können die Viersilber, wie bereits erwähnt, nur sehr bedingt als Abbild bestimmter Präferenzen herangezogen werden und sind somit kaum aussagekräftig.

### 9.6.5 Zusammenfassung

Vergleichen wir die Silbenstrukturen der Ein- bis Viersilber, so zeichnen sich sehr ähnliche Präferenzen ab: Sowohl die Zwei- und Dreisilber als auch die Viersilber bevorzugen einfache Silbenanfangs- und Endränder und weisen somit eine deutliche Annäherung an die universell präferierte Silbenform CV.CV auf.

Die prozentual weit weniger vertretenen komplexen Silbenränder treten bei den Zweisilbern, was die Silbenanfangsränder betrifft, bevorzugt am Wortanfang auf. Ihr prozentualer Anteil liegt dabei bei maximal 23% und bei 13,30% für die zweite Silbe. Bei den Dreisilbern kommen komplexe Anfangsränder noch seltener vor; ihr Anteil liegt für die mediale Silbe und die letzte Silbe jeweils nur bei 7,6%. Der Wortanfang weist dagegen keine komplexen Anfangsränder auf. Komplexe

Silbenendränder treten bei den Dreisilbern nur bei einem Beleg auf (*Exquisa*), was einem prozentualen Anteil von 6,6% entspricht. Während die Zwei- und Dreisilber die Präferenz für einfache Silbenränder teilen, liegen für die Einsilber unübersehbar andere Präferenzen vor: Die Einsilber weisen ausnahmslos geschlossene Silben auf und bevorzugen mit 71,42% komplexe Silbenanfangsränder vor den einfachen mit 28%. Bei den Silbenendrändern werden zwar einfache Silbenränder mit 63,71% bevorzugt, komplexe Silbenränder sind jedoch mit immerhin 35,71% vertreten. Wie lässt sich dieser Gegensatz zwischen den Präferenzen der Ein- und Mehrsilber erklären?

Ziehen wir zum Vergleich die Besetzung der Einsilber anderer Korpora heran, so liegen hier deutliche Parallelen vor: So weisen die Einsilber gekürzter deutscher offizieller Eigennamen und deutsche juristische Kürzungen ausschließlich geschlossene Silben auf (Ronneberger-Sibold 1992: 75–79). Die Bevorzugung der geschlossenen Silbe bei den Einsilbern ist zweifellos in der Kürze der Silbenform begründet. Zur Sicherung der Informationsübertragung braucht der Einsilber, so Ronneberger-Sibold (1992: 105), „die schließende Konsonanz, um distinktiv zu sein".

# 10. Lautstruktur der Kunstwörter

## 10.1 Tonvokale

Im Folgenden soll untersucht werden, durch welche phonologischen Eigenschaften die Kunstwörter gekennzeichnet sind. Hierzu widmen wir uns zunächst der Verteilung der Tonvokale. In der folgenden Abbildung ist neben der prozentualen Verteilung der Vokale, wie bei den Kurzwörtern, das Merkmal „gespannt" vs. „ungespannt" berücksichtigt.

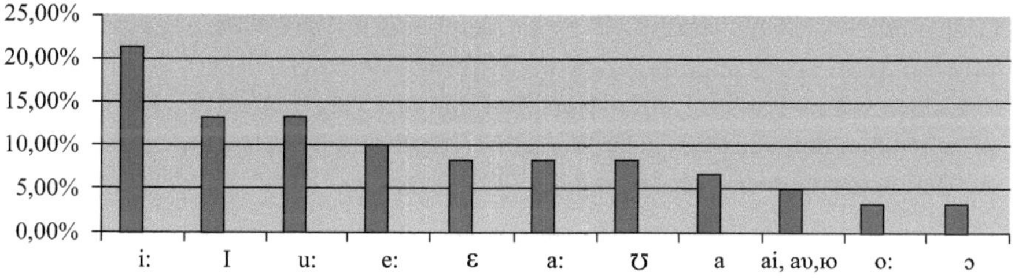


*Abb. 1: Tonvokale*

Der Vokal [i] wird bei den Tonvokalen der Kunstwörter deutlich bevorzugt. Differenziert nach dem Merkmal der Gespanntheit liegt dabei das gespannte [i:] mit 21,31% vor dem ungespannten [ I ] mit 13,11%. Mit ebenfalls 13,11% ist das gespannte [u:] vertreten. Ihm folgt das gespannte [e:] mit rund 10%. Mit jeweils 8,19% folgen das [ɛ], das lange [a:] und das ungespannte [ʊ]. Nur 6,55% der Belege weisen das ungespannte [a] auf, gefolgt von den Diphthongen [ai], [aʊ] und [ɔɪ], die insgesamt rund 5% ausmachen. Das Vokalphonem/o/, das sowohl gespannt als auch ungespannt mit jeweils 3,27% vertreten ist, bildet das Schlusslicht der Tonvokale.

Vergleichen wir die Verteilung der Tonvokale der Kunstwörter mit dem prozentualen Anteil der Tonvokale der Kurzwörter, so zeigen sich nur im Hinblick auf einen Vokal deutliche Parallelen. Auch die Kurzwörter bevorzugen das gespannte [i:] mit 20% (cf. Kap. 8.1).

Wie lässt sich die übergreifende Präferenz für den Vokal [i] erklären?

Im Gegensatz zu allen anderen Vokalen zeichnet sich das [i] dadurch aus, dass es in allen europäischen Sprachen gleich ausgesprochen wird. Eine Ausnahme stellt das Englische dar, da das <i> wie in *white* auch wie [ai] ausgesprochen werden kann.

Vor dem Hintergrund internationaler Einsetzbarkeit ist es von Vorteil, Laute zu verwenden, die wenig und in diesem Fall keine Ausspracheh indernisse darstellen.

Für alle anderen Tonvokale zeigen sich im Hinblick auf Präferenzen im Vergleich Kunstwörter mit Kurzwörtern keine Parallelen, sondern vielmehr entgegengesetzte Präferenzen (cf. hierzu Kap. 8.1). So sind Vokale, die bei den Kunstwörtern eher „unbeliebt" sind, wie z.B. das lange und das ungespannte [a], bei den Kurzwörtern präferiert: Das ungespannte [a] ist mit 15,55% nach dem gespannten [i:] mit 20% der zweithäufigste Tonvokal, gefolgt vom langen [a:] mit 11,62%.

Vergleicht man übergreifend die Präferenzen im Hinblick auf das Merkmal der Gespanntheit vs. Ungespanntheit, so werden bei den Kunstwörtern gespannte Vokale mit 52,61% vor ungespannten mit 39,31% bevorzugt.

Ziehen wir im Hinblick auf dieses Merkmal den Vergleich zu den Kurzwörtern, so liegen hier beinahe identische Werte vor: Gespannte Vokale werden mit 54,62% vor den ungespannten Vokalen mit 42,77% bevorzugt.

## 10.2 Auslautvokale – Wortende

Von den insgesamt 61 Kunstwörtern enden 28 vokalisch. Für die Verteilung der Vokale im Wortauslaut der Kunstwörter zeichnen sich vergleichbare Präferenzen zu der der Tonvokale ab:

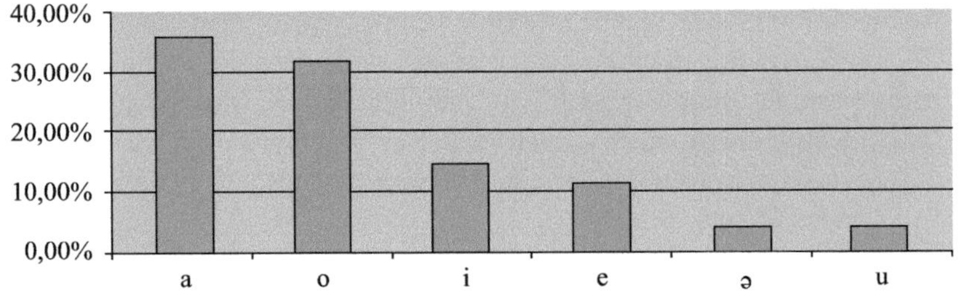


*Abb. 2: Auslautvokale*

Bezogen auf die Gesamtheit der Auslautvokale am Wortende überwiegt mit 35,71% der Vokal [a] vor dem [o] mit 32,14%. Mit deutlichem Abstand folgt das [i] mit 14,28%. Ihm folgt das [e] mit 10,71%. Mit jeweils nur 3,57%, was einem Korpusbeleg entspricht, sind das [u] und das [ə] vertreten. Vergleicht man diese prozentuale Verteilung der Auslautvokale mit denen der Kurzwörter (Kap. 8.2), so zeigen sich hier annähernd identische Präferenzen. Auch bei den Kurzwörtern wurde das [a] mit 46,6% vor dem [o] mit 36,6% bevorzugt.

## 10.3 Vokalreduplikationen

Wie bei den Kurzwörtern soll im Folgenden untersucht werden, inwieweit Vokalreduplikationen, also Lautspiegelungen des Ton- und Auslautvokals am Wortende, vertreten sind. Vergegenwärtigen wir uns zunächst die Verteilung der Ton- und Auslautvokale. Die prozentualen Angaben der einzelnen Vokalphoneme ergeben sich dabei aus der Addition der ungespannten und gespannten Vokale.

| Tonvokale: | Auslautvokale: |
|---|---|
| [i] = 34,42% | [a] = 35,71% |
| [u] = 21,30% | [o] = 32,14% |
| [a] = 14,74% | [i] = 14,28% |
| [o] = 6,54 % | [e] = 10,71% |
| [e] = 10,00% | [u] = 3,57% |
| [ɛ] = 8,19% | [ə] = 3,57% |

*Abb. 3: Ton- und Auslautvokale*

Wenn [i] mit 34,42% der am stärksten vertretene Tonvokal ist und [a] als Auslautvokal am Wortende mit 35,71% vor allen anderen präferiert wird, so legt dies die Annahme nahe, dass eine Vokalkombination aus vorderem Tonvokal und hinterem Auslautvokal eine bevorzugte Lautbesetzung ist. Vokalreduplikationen sind offensichtlich nicht zu erwarten.

Doch überprüfen wir dies im Einzelnen, indem wir die verschiedenen Möglichkeiten der Besetzung der Ton- und Auslautvokale am Wortende vergleichen:

| | |
|---|---|
| [i]:[o] | = 11,53% |
| [i]:[a] | = 7,69% |
| [e]:[o] | = 3,84% |
| [e]:[a] | = 3,84% |
| [ɛ]:[o] | = 3,84% |
| insg. | = **30,74%** |

*Abb. 4: Lautkombination aus vorderem Tonvokal und hinterem Auslautvokal*

| | |
|---|---|
| [u]:[o] | =11,53% |
| [u]:[a] | =11,53% |
| [a]:[u] | = 3,84% |
| [o]:[a] | = 3,84% |
| insg. | = **30,74%** |

*Abb. 5: Lautkombination aus hinterem Tonvokal und hinterem Auslautvokal*

| | |
|---|---|
| [a]:[e] | = 3,84% |
| [o]:[e] | = 3,84% |
| [u]:[i] | = 3,84% |
| insg. | = **11,52%** |

*Abb. 6: Lautkombination aus hinterem Tonvokal und vorderem Auslautvokal*

| | |
|---|---|
| [i]:[i] | = 3,84% |

*Abb. 7: Lautkombination aus vorderem Tonvokal und vorderem Auslautvokal*

Die bevorzugten Vokalverbindungen bestehen tatsächlich aus einem vorderen Tonvokal und einem hinterem Auslautvokal (Abb. 4) oder aus einer Lautkombination aus einem hinteren Tonvokal und einem hinterem Auslautvokal (Abb. 5). Der prozentuale Anteil liegt jeweils bei insgesamt 30,74%. Eine Kombination aus hinterem Tonvokal und vorderem Auslautvokal stellt mit insgesamt 11,52% eine eher unbeliebte Lautkombination dar (Abb.6):

Das Schlusslicht bildet die Kombination aus vorderem Tonvokal und vorderem Auslautvokal mit nur 3,84%, was einem Beleg entspricht (Abb. 7).

Vergleichen wir an dieser Stelle den prozentualen Anteil der Lautkombinationen der Kunstwörter mit denen der Kurzwörter (Kap. 8.3.), so zeigen sich hier nur bedingt Parallelen (s. Abb. 8).

| | **vor. TV hint. AV** | **hint.TV vor. AV** | **vor. TV vor. AV** | **hint. TV hint. AV** | **Reduplikationen** |
|---|---|---|---|---|---|
| Kunst-wörter | 30,74% | 11,52% | 3,84% | 30,74% | 22,22% |
| Kurz-wörter | 56% | 4% | _____ | 28% | 12% |

*Abb. 8: Vergleich der Lautkombinationen der Kunst- mit den Kurzwörtern*[36]

36 vor. bzw. hint. TV oder AV steht für *vorderer* oder *hinterer **T**on**v**okal* bzw. *vorderer* oder *hinterer **A**uslaut**v**okal.*

Bei den Kurzwörtern wird die Lautkombination aus vorderem Tonvokal und hinterem Auslautvokal deutlich bevorzugt – mit 56% liegen die Werte noch über denen der Kunstwörter, die diese Lautverbindung mit 30,74% vor allen anderen wählen.

Die umgekehrte Verbindung – hinterer Tonvokal und vorderer Auslautvokal – stellt die am wenigsten präferierte Lautverbindung dar: Sie ist bei den Kurzwörtern mit nur einem Beleg vertreten, was einem Anteil von 4% entspricht. Dies trifft auch für die Kunstwörter zu – der prozentuale Anteil liegt jedoch bei immerhin 11,52%.

Parallelen zwischen den Kurz- und Kunstwörtern zeigen sich auch bei der Lautverbindung aus vorderem Ton- und Auslautvokal. Die Kunstwörter weisen hier einen Beleg auf (*Miree*), prozentual 3,84%, bei den Kurzwörtern ist diese Lautkombination überhaupt nicht vertreten, so dass angenommen werden kann, dass es sich um eine übergreifend unbeliebte Besetzung handelt.

Markante Präferenzen zeichnen sich eher bei den Kurzwörtern ab: Die Lautkombination aus vorderem Tonvokal und hinterem Auslautvokal wird bei den Kurzwörtern eindeutig bevorzugt. Bei den Kunstwörtern liegen die entsprechenden Werte mit 30,74% ebenfalls hoch; decken sich aber mit dem prozentualen Anteil für die Besetzung aus hinterem Tonvokal und hinterem Auslautvokal mit ebenfalls 30,74%. Demnach gibt es bei den Kunstwörtern weniger markante Präferenzen für eine Lautkombination als bei den Kurzwörtern.

Kommen wir nun auf die eingangs gestellte Frage nach den Vokalreduplikationen zurück: Die Untersuchung hat gezeigt, dass sie vergleichsweise „unbeliebte" Lautbesetzungen sind. Bei den Kunstwörtern sind sie nur mit sechs Belegen von 27 vollvokalisch endende Produktnamen vertreten, was einem Anteil von 22% entspricht. Vokalspiegelungen des [i] sind mit drei Belegen vertreten, (*Bifi, Kiri, Tschisi*), das [a] mit zwei (*Ata, belmanda*) und das [o] mit einem Beleg (*Oxo*). Der Anteil der Vokalreduplikationen ist somit relativ hoch. Bei den Kurzwörtern sind Vokalreduplikationen nur mit drei Belegen vertreten (*Fanta, Onko, Vossko*), was einem Anteil von 12% entspricht (cf. Kap. 8.3).

## 10.4 Konsonanten

### 10.4.1 Anlautkonsonanten (Wortanfang)

Die Besetzung des Wortanfangs zeigt bei konsonantisch besetztem Wortanfang folgende Präferenzen: Die stimmlosen Plosive werden mit 35,18% deutlich vor allen anderen Konsonanten bevorzugt. Es folgen mit großem Abstand die stimmlosen Frikative mit 22,2%, dann die stimmhaften Plosive mit 20,37% und die Nasale mit 14,8%. Das „Schlusslicht" bilden die stimmhaften Frikative mit 5,5% und die Vibranten mit ebenfalls nur 2%, was einem Korpusbeleg entspricht. Nicht vertreten ist der Lateral [l].

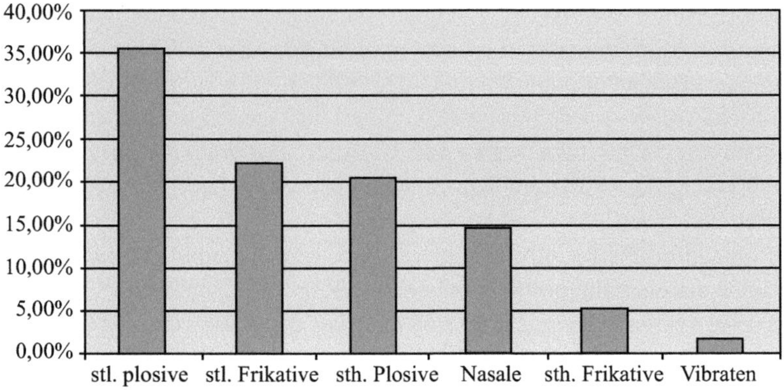


*Abb. 9: Anlautkonsonanten*

## 10.4.2 Konsonanten am Wortende

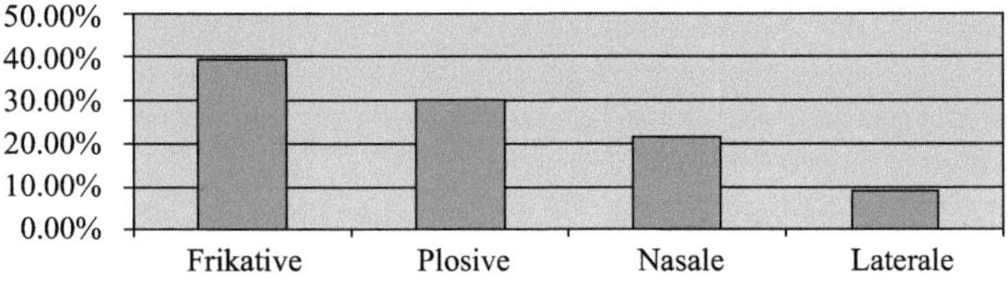


*Abb. 10: Auslautkonsonanten*

Von den 61 Kunstwörtern enden 33, d.h. 54%, auf einen Konsonanten. Bei konsonantisch besetztem Wortende ergibt sich im Vergleich zum Wortanfang folgende Verteilung: Werden stimmlose Plosive am Wortanfang mit 35,18% deutlich bevorzugt, gefolgt von den stimmlosen Frikativen mit 22,2%, so zeigen sich für die Verteilung der Konsonanten am Wortende umgekehrte Präferenzen: Frikativen wird mit 39,3% der Vorzug vor den Plosiven mit 30,3% gegeben. Nasale dagegen sind weder am Wortanfang noch am Wortende präferierte Konsonanten, mit 14,8% am Wortanfang und mit 21,2% am Wortende sind sie vergleichsweise „unbeliebt".

Der Lateral [l] ist am Wortende der am geringsten vertretene Konsonant und kommt mit nur drei Belegen vor, was einem prozentualen Anteil von 9% entspricht;

am Wortanfang kommt er überhaupt nicht vor. Ebenfalls nicht belegt ist der Vibrant [R]; von allen konsonantischen Lauten ist er der im Teilkorpus der Kunstwörter am geringsten vertretene Laut.

### 10.4.3 Konsonantenreduplikationen

Untersuchen wir im Folgenden, ob die Kunstwörter eventuell Lautreduplikationen im Wortanfang und -ende aufweisen.

Mit Blick auf die prozentuale Verteilung der Konsonanten am Wortanfang und am Wortende ist dies im Grunde nicht zu erwarten. Mit 35,18% werden Plosive am Wortanfang bevorzugt, am Wortende dagegen Frikative mit 39,3%. Die Auszählung nach konsonantischen Identitätskorrelationen fällt erwartungsgemäß aus. Von den 33 Kunstwörtern mit konsonantischem Wortanfang, umgerechnet 54%, weisen nur elf Belege Lautreduplikationen auf, was einem Anteil von 18% entspricht:

1. Plosive: *Tuc, Tictac, Caramac, Carat*.
2. Frikative: *Snäkx, Viss, Snickers, Frumixx*
3. Nasale: *Miam, Maoam, Mondamin*.

Lautreduplikationen sind somit eher wenig präferierte Lautkombinationen. Ziehen wir hier den Vergleich zu den Kurzwörtern, so zeichnen sich hier Parallelen ab: Bei den Kurzwörtern liegt der Anteil der Konsonantenreduplikationen noch unter dem der Kunstwörter. Lediglich 3 Belege (*Bac, Gutfried, Bofrost*), entsprechend 6,6%, weisen eine Lautspiegelung von Obstruenten auf.

## 10.5 Zusammenfassung

Wie erklärt sich die deutliche Präferenz für Plosive am Wortanfang? Eine mögliche Antwort liefern die für die Produktnamenbildung wesentlichen Aspekte wie leichte Perzipierbarkeit und Artikulierbarkeit. Plosive am Wortanfang erleichtern die Perzeption, denn sie sind markanter als Frikative oder Nasale und markieren als Verschlusslaute den Wortanfang deutlicher als die Letztgenannten.

Umgekehrt erklärt sich auch die Präferenz der Frikative vor den Plosiven am Wortende: Das Wortende ist für den Informationsgehalt des Wortes weit weniger relevant als der Wortanfang, kann demnach mit Lauten besetzt sein, die perzeptiv nicht so markant sind wie eben Frikative. Insofern ist es sinnvoll, den Wortanfang als Träger des Informationsgehalts mit Lauten zu besetzen, die perzeptiv salienter sind. Sinnvoll ist dies auch im Hinblick auf die Art und Weise, wie Produktnamen generell ins Marketinggeschehen – zumindest für den Verbraucher - eingeführt werden: Der Weg eines Produktnamens findet in den meisten Fällen über flankierende Werbung, sei es über Fernsehwerbung oder lokale Werbemaßnahmen, auditiv statt. So wird über die perzeptiv markanten Plosive die Perzeption begünstigt, weniger dagegen die Artikulation. Plosive, die ja durch einen Verschluss und eine anschließende Öffnungsbewegung erzeugt werden, sind aufwendiger als beispielsweise Frikative. [37]

Die prozentual starke Besetzung des Wortanfangs mit Plosiven stützt m. E. die Relevanz der leichten Perzeption vor der leichten Artikulierbarkeit eines Produktnamens.

Wenn wir an dieser Stelle von Lauten sprechen, die „perzeptiv markanter" sind, so verlangt dies eine sprachwissenschaftliche Rechtfertigung. Mit der Besetzung von Plosiven am Silbenanfangsrand, der ersten Silbe des Wortes, entstehen Silbenstrukturen, deren Eigenschaften sich im Rahmen der Sonoritätshierarchie beschreiben lassen.

Wir greifen hier auf den von Vennemann geprägten Begriff der „konsonantischen Stärke" zurück (Vennemann 1986:34ff, 1988). Auf der Grundlage der konsonantischen Stärke und der Sonoritätshierarchie leitet Vennemann die sog. „universellen Präferenzgesetze" ab, von denen in diesem Kontext das „Anfangsrandgesetz" relevant ist, das Folgendes besagt:

Ein Anfangsrand ist präferiert,

- je näher die Anzahl seiner Sprachlaute bei Eins liegt.
- je größer die CS seines ersten Sprachlauts ist.
- je schärfer die CS vom ersten Sprachlaut zur Stärke des folgenden Nukleus hin abfällt (Vennemann 1986:38).

Ein bevorzugter Anfangsrand besteht demnach aus einem Konsonanten, der idealerweise mit einem Plosiv besetzt ist.

Die Eigenschaft der Kunstwörter, die eingangs als „perzeptiv markant" bezeichnet wurde, lässt sich nun weiter differenzieren: Die überwiegende Zahl

37 Es ist zweifellos problematisch, bei der Artikulation von Konsonanten verschiedene Grade von „Aufwendigkeit" festzustellen. Rechtfertigen lässt sich dies, wenn wir den Verschluss und die anschließende Öffnung bei der Artikulation als aufwendiger im Vergleich zur Artikulation der Frikative betrachten, bei deren Artikulation die Luft durch eine Engebildung im Mund geleitet wird.

der Kunstwörter, nämlich 68,51%, weist einen einfachen Silbenanfangsrand am Wortanfang auf, nur 31,48% haben komplexe Anfangsränder. Und immerhin weisen 40,74% der Kunstwörter am Wortanfang einfache Anfangsränder mit einem Plosiv auf.

Diese Ergebnisse lassen folgende Schlussfolgerung zu: Mit den Kunstwörtern entstehen Produktnamen, die in vielerlei Hinsicht optimal sind: Sie entsprechen nicht nur den Anforderungen der Produktnamenbildung – genannt seien hier nur Werbe- und Appellfunktion sowie Internationalität – sondern bringen mehrheitlich Formen hervor, die universell präferierten Silbenstrukturen entsprechen.

# 11. Die formale Struktur der Kunstwörter

Im Folgenden soll die formale Struktur der Kunstwörter unter folgenden Aspekten untersucht werden:

## 11.1 Die formale Struktur unter morphologischem Aspekt

Ob und inwieweit sich die Kunstwörter auf native oder nicht-native Morpheme zurückführen lassen und welche Eingriffe am Morpheminventar vorgenommen werden, soll in diesem Kapitel analysiert werden. In einigen Fällen sind Wortbestandteile erkennbar, bzw. auf analysierbare Einheiten bezogen und so identifizierbar, wie zum Beispiel:

(1) Bsp: *belnuga* (frz.: bel +Nougat) *Schauma* (Schaum) *belmanda* (frz.: bel+Mandel) *Smint* (engl.: mint)
*Froot Loops* (engl.: fruit) *Smett* (Mett(wurst)
*Jogolé* (Joghurt) *Wella* (Welle)
*Moovy* (engl.: to move)

Insgesamt lassen sich im Korpus 19 von 61 Produktnamen auf native und nicht-native Morpheme oder Morphembestandteile zurückführen, was einem prozentualen Anteil von 31,14% entspricht.

In all diesen Fällen lassen sich morphologische Strukturen ausfindig machen, die, unter welchen Veränderungen sie auch in die Produktnamen eingehen, Formen entstehen lassen, die unterschiedliche Grade von Transparenz aufweisen.

So sind z.B. folgende nicht-native Adjektive und Substantive vertreten:

(2) nicht-native Adjektive und Verben:
*bel, beefy* (*BiFi*), *move, mint,*
(3) nicht-native Substantive:
*choice* (*coiZZ*), *fruit* (*froot*), *Loop, Nougat* (*belnuga*), *mix* (*FrumiXX*), *baby, vita (bebivita)*[38]

---

38 Bei einigen der zitierten Beispiele werden nicht nur Veränderungen auf Morphemebene, sondern auch auf graphematischer Ebene vorgenommen – wie z.B. bei *bebivita, bifi, choiZZ usw.*

Produktnamen, die sich auf native Morpheme zurückführen lassen, sind dagegen mit lediglich vier Korpusbelegen belegt.

(4) native Substantive:
*Mandel (bel)manda*), *Schaum* (*Schauma*), *Welle* (*Wella*), *Tube* (*Tuba*), *Vileda*[39].
Welcher Art sind nun die Eingriffe am morphologischen Material?
Die Manipulationen an der Morphemstruktur betreffen überwiegend den An- oder Auslaut. Die verschiedenen Verfahren, die Lautstruktur morphologisch unter Wahrung einer Semitransparenz zu verändern, lassen sich wie folgt differenzieren.
Eine Möglichkeit, das zugrunde liegende Lexem zu verändern, besteht 1. darin, den Wortauslaut zu verändern. Sei es, dass er vollvokalisch endet wie in

(5) *belmand**a*** (< *Mande**l***), *Schauma* (< *Schaum*), *Well**a*** (< *Schaum*), *Tub**a*** (< *Tub**e***)
oder durch andere Eingriffe so verändert wird, dass sich z.B. ein „Quasi-Palindrom“[40] ergibt (Platen 1997:47) wie bei
(6) *Caramac* (Karamell)[41].
Schließlich kann eine ganze Silbe ersetzt werden, um eine bestimmte Lautstruktur zu erhalten wie bei
(7) *Jogolé* (Joghurt + *olé*).
Weiterhin kann 3. der Anlaut verändert werden:
(8) *smint* (Minzdragees), *smett* (Mettwurst).

Die genannten Verfahren stehen im Dienst folgender Funktionen:

Der vollvokalische Auslaut bewirkt in einigen Fällen eine sprachliche Einbettung in das anvisierte Bezugsfeld: Wie bei den Produktnamen, die mit Hilfe der italienischen Diminutivsuffixe *-ella, -ello, -etto* gebildet werden (cf. Kap. 3.4), wird über

---

39 Das letzte Beispiel *Vileda* fällt insofern aus dem Rahmen, als es sich hier um ein Syntagma in phonetischer Orthographie handelt (*wie Leder*), d.h., dass hier noch andere Veränderungen vorgenommen wurden, auf die noch einzugehen sein wird.

40 Quasi-Palindrom insofern, als die formale Links-rechts-Symmetrie nicht ganz gegeben ist.

41 Weitere Änderungen, die z.B. die Graphie wie hier die Ersetzung des *K* durch *C* betreffen, werden gesondert erörtert.

den italienisch klingenden Produktnamen (*belnuga, belmanda*) – vollvokalischer Auslaut und Pänultimaakzent – die entsprechende Branchenkompetenz der italienischen Küche vermittelt. Da bei den zitierten Beispielen die Morphemstruktur bis auf den Auslaut unangetastet bleibt, weisen diese Produktnamen einen hohen Grad an Transparenz und zudem einen engen semantischen Bezug zu dem jeweiligen Produkt auf. In anderen Fällen wie *Schauma, Wella* lässt sich die Evozierung italienischen Flairs nicht aufrecht erhalten; handelt es sich doch hier um Haarpflegemittel. Hier mag der vollvokalische Auslaut dazu dienen, über geringfügige Änderungen an der Morphemstruktur die deskriptive Komponente in der Namensgebung zu vermeiden.

Motiviert durch charakteristische fremdsprachliche Anleihen ist auch *Jogolé* (Joghurt): Die Interjektion *olé,* in der Verwendung als „hispanisiertes" kulturspezifisches Stereotyp, eignet sich in besonderem Maße, Konnotationen wie „temperamentvoll" oder „vital" in weiterem Sinne zu vermitteln. In Formen wie *smint* und *smett* dient der veränderte Anlaut dazu, ähnlich wie in *Schauma* oder *Wella,* die Vermittlung reiner Beschaffenheitsangaben unter Wahrung einer Teiltransparenz zu umgehen. Ähnlich motiviert ist auch eine Form wie *Caramac.* Auch hier liegt Semitransparenz durch das zugrunde liegende Lexem (Karamell) vor. Durch die veränderte letzte Silbe, die ein Quasipalindrom entstehen lässt, stellt sich ein zusätzlicher wortspielerischer Effekt ein, der vor allem auf Auffälligkeit zielt.

## 11.1.1 Die formale Struktur unter graphematischem Aspekt

Im Folgenden sollen Veränderungen auf graphematischer Ebene untersucht werden, wobei drei grundlegende Fragen im Vordergrund stehen: 1. Welche Veränderungen werden am Grapheminventar vorgenommen? 2. Welche Grapheme werden in Abweichung zur Standardsprache verwendet? 3. Welche Funktionen können den Graphemveränderungen zugesprochen werden?

Dem Aspekt der Auffälligkeit der Produktnamenbildung wird bei den Kunstwörtern vor allem auf graphematischer Ebene Rechnung getragen. Zu finden sind hier in der Standardsprache selten verwendete Grapheme oder Grapheme in ungewöhnlichen Kombinationen. Auf diese Weise entsteht eine ungewohnte schriftliche Struktur, die nicht selten durch Auffälligkeiten auf graphischer Ebene unterstützt wird. Folgende Abweichungen führen auf graphematischer Ebene zu einem standardsprachlich gesperrten Schriftbild:

## 11.1.2 Graphemzunahme

Eine signifikante Abweichung zur Standardsprache ist die Gemination von seltenen Graphemen im Wortauslaut. Die Auffälligkeit wird auf graphischer Ebene durch die Großschreibung noch erhöht

Bsp: *FrumiXX*<x> →<xx>
*ChoiZZ* <z> →<zz>

Der Begriff „seltenes Graphem" muss an dieser Stelle präzisiert werden, denn im Grunde genommen gehört das <x> nicht zum Graphembestand des Kernwortschatzes des Deutschen (Eisenberg 2000:291). Dies gilt ebenso für die Buchstaben < c, y, v>, die nur in Fremdwörtern vorkommen und die im Kernwortschatz als markierte Schreibungen auftauchen, wie in *Cello, Comic, Mythos* und *Baby*, und so zu einem „erweiterten Grapheminventar des Deutschen" zu zählen sind (Eisenberg 2000:291). Die Majuskelschreibung in *FrumiXX* mag dahingehend motiviert sein, dass das *X*, bekannt als Angabe für große Konfektionsgrößen, hier zwar nicht für Größe steht, aber eine valorisierende, genauer gesagt, elative Funktion erfüllt, wobei die Gemination des *X* dies noch unterstützt.

In Analogie zur Majuskel *X* in *FrumiXX* können auch die Majuskeln in *choiZZ* verstanden werden. Auch hier haben die Majuskeln elative Funktion, in diesem Fall lexikalisch gestützt durch das zugrunde liegende Lexem „choice", das auf die „gute Wahl" und damit auf ein qualitativ hochwertiges Produkt hinweist.

Bei dem zweiten Beispiel *choiZZ* liegt dabei nicht nur eine Graphemzunahme vor, sondern zusätzlich eine Graphemveränderung im Wortauslaut, wenn wir von dem nahe liegenden Lexem *choice* als Basis ausgehen. Graphemverdopplung mit Majuskelschreibung ist zweifellos ein wesentliches Mittel, auf graphematischer und graphischer Ebene Auffälligkeit zu erzielen.

## 11.1.3 Graphemreduktion

Bsp: *Charmin* <ng> →<n>
*Danablu* <ue> →<u>

Die Graphemreduktion in *Charmin* und in *Danablu* ist offensichtlich der leichteren Aussprache verpflichtet. Im Wortauslaut wird <ng> im Englischen als [n] gesprochen. Auch die Schreibweise von *blu* in *Dana blu* ist der Aussprache geschuldet; das *e* in „blue" wird auch im Englischen nicht gesprochen.

### 11.1.4 Graphemersetzung bei gleichem phonetischem Gehalt

Bsp: *Carat* <k> →<c>
*Froot Loops* <ui> →<oo>
*Snäkx* <ks> →<x>

Eine Möglichkeit, ein von der Standardsprache abweichendes Schriftbild zu schaffen, besteht in der Ersetzung standardsprachlicher Grapheme durch selten verwendete Grapheme: Die Graphemersetzung des <k> durch <c> im ersten Beispiel *Carat* ist zweifellos durch das Englische motiviert, das als „lingua franca" vorherrschend in der deutschen Werbesprache ist und in dem das Graphem <c> häufig vertreten ist. Und nicht zuletzt ist es durch die Integration einer Vielzahl von Fremdwörtern im Deutschen vertreten wie z.B. in *City, Computer* oder *Comic.* Die Graphemersetzung des <k> durch <c> trägt daher weniger dem Prinzip der Auffälligkeit Rechnung. Die sprachliche Anleihe verdankt sich vielmehr einem anderen Aspekt, der sich, ebenso wie bei den Produktnamen mit prototypischer italienischer Lautgestalt, über die Konnotationshaltigkeit sprachlich entliehener Elemente erklären lässt (hierzu ausführlicher Kap. 4.1 dieser Arbeit).

Bei Werbefachleuten wie auch bei Konsumenten gilt Englisch als „schick, modern und weltläufig" (Der Spiegel 2003, Nr. 38: 87). Ebenso haben Werbefachleute herausgefunden, dass selbst bei Sprechern, die kein Englisch verstehen, „eine unbestimmte Assoziation mit Höherwertigem ausgelöst wird" (Voigt 2005:21).[42] Eine wesentliche Rolle für die Verbreitung des Englischen spielt darüber hinaus die Internationalisierung des Mediensystems und der Absatzmärkte generell: Anglizismen stehen für internationale Ausrichtung, Größe und Qualität des Anbieters (Gabriel 2003:34).

Die Funktion der Anglizismen in der Werbung muss nicht zuletzt vor dem diachronen Hintergrund gesehen werden: Werbeanglizismen, so Schrodt (2002:111), „kommen da vor, wo das Hervorheben eines neuen Lebensgefühls wichtig ist". Vor allem seien es „lustbetonte Werte, die von der Amerikanisierungswelle nach Europa gebracht werden..." (Schrodt 2002:111).

---

42 Nicht selten wird deshalb in der Werbung mit englischen Sätzen geworben. Als Beispiel seien nur bekannte Slogans wie *Powered by emotion* (Werbung für Sat1) und *Come in and find out* (Werbeslogan der Douglas-Parfümerie-Kette) genannt. Zwar versteht laut einem Umfrageergebnis nicht einmal die Hälfte der Kunden den Inhalt der Botschaft – dennoch wird diese als „irgendwie gut" empfunden (Der Spiegel 2003, Nr. 38:87).

Die sprachliche Anleihe, die sich im Beispiel *Carat* in der Graphemersetzung des <k> durch <c> niederschlägt, hat insofern mehr valorisierende Funktion, als dass hier auf Auffälligkeit gesetzt wird. Im zweiten Beispiel *Froot Loops* ist die Graphemersetzung der zugrunde liegenden Ausgangsform *fruit* <ui> durch <oo> anders motiviert: Die Schreibweise <oo> wird an die Vokalverdopplung im zweiten Wort *Loops* angeglichen, so dass die Graphemersetzung zu der gewünschten Reduplikation führt. Graphisch gestützt wird die Schreibweise durch das Produkt selbst; handelt es sich doch um Cerealien in der Form eines *o*. Im Gegensatz zum ersten Beispiel *Carat* wird hier auf Auffälligkeit gesetzt, noch unterstützt durch die Gemination des *o*. Im dritten Beispiel *Snäckx* liegt im Gegensatz zu den genannten Beispielen eine mehrfache Graphemersetzung vor: Das <a> wird durch den Umlaut <ä> ersetzt, das im zugrunde liegenden Lexem vorhandene <ck> wird auf <k> reduziert, und das <s> im Auslaut wird durch ein <x> ersetzt. Mit der Schreibweise *Snäckx* statt *snacks* wird zweifellos auf Auffälligkeit gesetzt, wobei hier die gewünschte Wirkung durch eine Graphemersetzung und die Transkription des <a> zu <ä> erzielt wird und so eine bewusste Inkongruenz des Gaphie-Lautung-Verhältnisses erreicht wird.

### 11.1.5 Phonetische Schreibweise

Bsp: *bebivita „Babyvita"*
*Bifi „beefy"*
*Dana blu „blue"*
*Tschisi „cheesy"*
*Vileda „wie Leder"*
*Pinats „peanuts"*

Eine weitere Möglichkeit, Produktnamen auf der Basis graphematischer Veränderungen zu schaffen, stellt die phonetische Orthographie dar. Wenn auch eine Randerscheinung in der Werbesprache, zielt ihre Wirkung doch auf zwei Aspekte: auf Auffälligkeit wie auch auf die Einfachheit der Darstellung[43]. Vor allem bei

43 Nicht nur um der Auffälligkeit willen, sondern um die Aussprache zu erleichtern, hat der Automobilkonzern *Daewoo* mit der transkribierten Form [de:ju] für sein neues Produkt geworben. Auch die Kosmetikmarke [bi:yu:] setzt auf die Wirkung der phonetischen Schreibweise, und legt mit der phonetischen Transkription die Lesart „be you", im Sinne von „sei du selbst" nahe. Auf diese Weise werden verschiedene Konnotationen anvisiert: Einmal „bijou", aber auch „be you", im Sinne von „sei du selbst".

Produktnamen, deren korrekte Aussprache bei den Konsumenten keineswegs vorausgesetzt werden kann, stellt die phonetische Orthographie zweifellos eine Ausspracheerleichterung dar.

## 11.2 Die formale Struktur unter semantischem Aspekt

In den vorangegangenen Kapiteln wurden Besonderheiten bzw. Abweichungen der Kunstwörter auf morphologischer und graphematischer Ebene beschrieben. Im Folgenden soll untersucht werden, ob Produktnamen, deren wesentliches Charakteristikum ihre Lautgestalt ist und die im Vergleich zur Standardsprache deutliche Abweichungen in ihrer morphologischen und graphematischen Struktur aufweisen, überhaupt semantische Konzepte vermitteln können.

Der Blick auf das Korpus lässt sehr unterschiedliche semantische Bezüge zu dem bezeichneten Objekt erkennen, wobei direkte Bezüge erwartungsgemäß nicht ausgemacht werden können. Bei der Beschreibung der morphologischen Transparenz soll dabei nicht nur die Opposition „motiviert“ und „nicht motiviert“ Beachtung finden, sondern auch die Frage danach, inwieweit Produktnamen „motivierbar“ bzw. „nicht motivierbar“ sind (mit dieser Differenzierung beziehe ich mich auf den Ansatz von Ronneberger-Sibold 1998: 221). Motivierbar ist ein Produktname dann, wenn er zumindest intendierte Rückschlüsse auf Produkteigenschaften des Produkts selbst oder seines Herstellers erlaubt; z.B. lässt die 1896 registrierte Fahrradmarke *Adler* darauf schließen, dass sich das Produkt durch Schnelligkeit und Ausdauer auszeichnet. Trifft dies tatsächlich zu, so ist der Produktname nicht nur *motiviert,* d.h. erkennbar allein aus der morphologischen Struktur, sondern auch *motivierbar* (Ronneberger-Sibold 1998:221).

Folgende semantische Bezüge sind im Korpus auszumachen:

- <u>Bezug zu Produktbeschaffenheit oder -aussehen</u>

  *Danablu* (Blauschimmelkäse)
  *Mentos* (Dragees mit Pfefferminzgeschmack, frz.: menthe)
  *Smint* (Minzdragees)
  *Tschisi* (Eis in Käseformat)
  *Vileda* (Leder ähnliches Reinigungstuch)
  *Belnuga* (Nougatriegel)
  *Bifi* (engl.: beefy)
  *Caramac* (Karamellriegel)

*Froot Loops* (Frucht, engl.: fruit)
*FrumiXX* (Früchtejoghurt)
*Jogolé* (Joghurt)
*K-fee* (Instantkaffee)
*Pinats* (Erdnüsse, engl.: Peanuts)
*Smett* (Mettwurst als Brotaufstrich)

So verschieden die Eingriffe am morphologischen Material auch sein mögen, in all den oben genannten Produktnamen sind noch morphologische „Reste" erkennbar, die es erlauben, ihnen Hinweise entweder auf ihre Inhaltstoffe (z.B. *Bifi, Caramac, K-fee*), materiellen Eigenschaften (*Vileda*) oder ihr Aussehen (*Froot Loops, Tschisi*) zu entnehmen. Insofern sind sie alle motiviert und auch motivierbar.

- Produktnamen ohne erkennbaren Bezug

  *Acè, Ata, Aronal, Atrix, Biskin, Bresso, Calapuno, Cameo, choiZZ, coin, Contal, Daim, Duplo, Elmex, Fébrèze, Fritt, Kiri, Maoam, Mazola, Messino, Mondamin, Oxo, Pril, Risco, Snickers, Tic Tac, Treets, Twix, Tuc, Viss, Xits.*

Ein wesentliches Charakteristikum von Wortneuschöpfungen, zu denen auch die Kunstwörter zu zählen sind, ist, dass sie nicht auf morphologische Transparenz und damit nicht auf Vermittlung einer Denotation hin angelegt sind, sondern vielmehr auf die Erzeugung „von bestimmten Konnotationen im weitesten Sinne" (Ronneberger-Sibold 1998:219). Auch scheinbar arbiträre Namen, die entweder morphologisch nicht transparent sind oder in keiner Verbindung zu dem dahinter stehenden Produkt stehen, können zumindest Assoziationen hervorrufen und so konnotativ Angaben über das Produkt vermitteln.

## 11.3 Lautbedeutsamkeit

Zu untersuchen ist im Folgenden, inwieweit Produktnamen ohne erkennbaren Bezug zum Produkt Konnotationen – und wenn ja, welche – anhand der Lautstruktur vermitteln können. Um dies herauszufinden, werden zunächst strukturähnliche Produktnamen, so weit dies möglich ist, zusammengefasst. Da morphologische Transparenz nicht gegeben ist, müssten Rückschlüsse auf das jeweilige Produkt assoziativ über die Lautgestalt erfolgen, genauer gesagt über Lautsymbolik oder Lautbedeutsamkeit.

Das Teilkorpus der nicht transparenten Produktnamen lässt bei der Differenzierung nach formal-analoger Ähnlichkeit fünf Strukturtypen erkennbar werden:

1. Produktnamen mit prototypischer italienischer Lautgestalt:
   *Cameo, Calapuno, Duplo, Mazola, Messino, Risco.*
2. Produktnamen mit französischer Lautgestalt – Endsilbenbetonung:
   *Bresso, Miree, Fébrèze*
3. Produktnamen mit lateinischer Lautgestalt:
   *Aronal, Biskin, Elmex, Mondamin,*
4. lautsymbolische Produktnamen:
   *Acè, Maoam, Slurp, Tic Tac, Viss*
5. Palindrome/Quasi-Palindrome:
   *Ata, Caramac, Maoam*[44]*, Oxo*

Strukturtyp 1, Produktnamen mit prototypischer italienischer Lautgestalt, d.h. mit vollvokalischem Auslaut und Pänultimaakzent, haben wir im Rahmen der durch Ableitung mit italienischen Diminutivsuffixen (cf. Kap. 3.4.1) bereits kennen gelernt. Auch bei den Beispielen *Calapunu, Duplo, Risco* etc. wird über die fremdsprachige Lautgestalt auf die prestigehaltige Wirkung des Ursprungslandes gesetzt: Funktional vereinnahmt transportiert die fremde Lautstruktur die gewünschte valorisierende Wirkung und suggeriert hier gehobene Qualität und Raffinesse des italienischen „Gastro-Know-how". Nicht von ungefähr bezeichnen fast alle zitierten Beispiele Süßwaren – die einzigen Ausnahmen bilden *Mazola,* ein Speiseöl, und *Cameo,* Backzutaten.

Strukturtyp 2, Produktnamen mit französischer Lautgestalt, d.h. Endsilbenbetonung, signalisiert wie Strukturtyp 1 sprachlich assimilierte und ethnokulturell gestützte Konnotationen: Kulinarisches „savoir vivre" und Know-how kennzeichnen gehobene Käse- und Weinsorten. Die beiden Belege *Bresso* und *Miree* (Streichkäse) vermitteln die gewünschte Scheinauthentizität.

Auch die Bezeichnung *Fébrèze* für einen Lufterfrischer stellt insbesondere durch die Verwendung diakritischer Zeichen eine an das Französische adaptierte Form dar.

Die unter Strukturtyp 3 zitierten Beispiele *Aronal, Biskin, Elmex* und *Mondamin* stellen Ableitungen mit Hilfe lateinischer Suffixe dar und finden häufig Verwendung in Bezeichnungen für chemische (*Pattex*) und pharmazeutische Produkte (*Aronal, blistex, Elmex*).

---

44 In manchen Fällen ist ein Produktname zwei Strukturtypen zuzurechnen; die Zugehörigkeit zu einem gilt demnach nicht ausschließlich.

Die Suffixe *-in* (lat.: inus), *-al* (lat.: alis) und *-ex* (lat. ex)[45] sind ihrem Ursprung nach lateinische Suffixe. Das Suffix *-al* dient im deutschen Normalwortschatz zur Ableitung von Adjektiven aus nicht-nativen Basen (*Museum - museal, Prozess - prozessual*).

Sowohl *-al* als auch *-in* führen zu Endsilbenbetonung und unterliegen so demselben Betonungsmuster wie viele lateinische Fremdwörter im Deutschen (*sozial, stabil, konstruktiv*), die auf gespannten Vokal und einen Konsonanten enden. Dass diese Suffixe Eingang in die Produktnamenbildung gefunden haben, ist kein Zufall. Nicht die genaue Kenntnis der etymologischen Wurzeln ist entscheidend, sondern vielmehr die sprachlich konnotierte Aura von Wissenschaftlichkeit und Gelehrsamkeit, die das Lateinische nicht zuletzt über Fachtermini vermittelt[46]. Dass hier vor allem die lautliche Konnotation vorrangig ist, wird auch dadurch gestützt, dass die genannten Suffixe fast ausnahmslos ohne ihr semantisches Potenzial verwendet werden. Die Endung *-in* ist zwar auf lat.: *inus* = „dazugehörend" zurückzuführen, wird aber in den genannten Beispielen ohne semantisches Potenzial verwendet, da die Basen in *Biskin* und *Mondamin* nicht transparent sind *Ex,* das in Produktnamen nur als Suffix Eingang gefunden hat, bildet hier insofern eine Ausnahme, als es in seltenen Fällen unter Beibehaltung seiner Semantik Verwendung findet. So ist z.B. in *blistex* (engl. *blister* = Blase), der Bezeichnung für einen Lippenpflegestift, und auch in *Tipp-Ex,* Produktname für ein Korrekturfluid, die Lesart im Sinne von „weg" möglich. Für *Pattex* und *Elmex* ist dies dagegen nicht möglich, da *ex* an Basen gefügt wird, die wie die oben genannten Beispiele morphologisch völlig opak sind.

Die unter Strukturtyp 4 genannten Produktnamen vermitteln Assoziationen zu Produkteigenschaften über Lautsymbolik oder Lautbedeutsamkeit. So wird in *Viss* die Schärfe des Scheuermittels lautlich vermittelt, in der Reduplikation *Tic Tac* scheint das Klicken der Minzdragees in der Plastikbox nachgeahmt zu sein und in *Maoam* die mühsame Kaubewegung beim Verzehr des Kaubonbons (s. auch Ronneberger-Sibold 1998:224, Platen 1997:53). In *Kit Kat,* einer Analogiebildung zur Ablautreihe *tic tac,* wird das Auseinanderbrechen des Keksriegels nachgeahmt. Expressiv wird Lautbedeutsamkeit da eingesetzt, wo Onomatopoetica in Produktnamen eingehen: *Slurp* als Bezeichnung für ein Eis am Stiel weist in Anlehnung an die lautmalerische Sprache in Comics auf das entsprechende „Verzehrgeräusch". Hinweise auf Produkteigenschaften über Produktnamen, die

45 *Ex,* das in Produktnamen als Suffix auftaucht, ist ursprünglich ein lateinisches Präfix mit der Bedeutung „von" oder „weg".

46 Hierzu auch Ronneberger-Sibold (1998:222).

auf Lautsymbolik beruhen, sind jedoch nur in den genannten Fällen auszumachen. Zwar kann mit Aussagen, dass sich bei *Viss* die Schärfe des Reinigungsmittels niederschlage, eine lautsymbolische Beziehung zwischen Produkt und Produktname hergestellt werden. Für allgemeingültige Aussagen, die eindeutige Beziehungen zwischen Produkteigenschaft oder -aussehen und einer bestimmten Lautung herstellen, müssten aber Aussagen wie „kurzes gespanntes [i] findet sich vor allem in Produktnamen, die sich mit Eindrücken wie Schärfe umschreiben lassen" möglich sein.

Die ausgemachten lautlich nachgeahmten Bezüge zu dem jeweiligen Produkt sind jedoch zahlenmäßig zu gering vertreten und zu heterogen, als dass es möglich wäre, übergreifende Aussagen über die Art der Nachahmung zu treffen.

Strukturtyp 5, Palindrome, ist in erster Linie dem Prinzip der Auffälligkeit verpflichtet. Sie tragen, wenn auch nicht ausnahmslos, keine lexikalische Bedeutung. Eine Ausnahme bildet hier das Quasi-Palindrom *Caramac* (Karamellriegel), dessen Endung so gestaltet ist, dass fast eine Links-rechts-Symmetrie entsteht und das zugrunde liegende Lexem noch erkennbar ist.

# 12. Abschlussbetrachtung

Wesentliches Anliegen dieser Arbeit war es, anhand ausgewählter Produktnamen der Lebensmittelindustrie spezifische morphologische und phonologische Aspekte herauszustellen.

Eine Untersuchung von Produktnamen der Lebensmittelindustrie schien deshalb lohnenswert, weil sie erstens noch nicht Gegenstand einer gesonderten Untersuchung waren und zweitens durch verschiedene sprachliche Besonderheiten gekennzeichnet sind, die es nahe gelegt haben, ihnen eine eigene Analyse zu widmen.

Fassen wir an dieser Stelle die wesentlichen Ergebnisse zusammen:

Mit den Produktnamen, die mit Hilfe italienischer Diminutivsuffixe gebildet werden, sind Formen ins Blickfeld geraten, die durch eine funktional geprägte Adaption fremdsprachlicher Elemente geprägt sind. Über die Derivation mit den Suffixen *-ella, -etto, -ina, -ino* etc. entstehen Formen wie z.B. *Sanella, Cornetto* oder *Bluedino.*

Ein Untersuchungsaspekt war hier, spezifische Eigenschaften in der Verwendung der nicht-nativen Suffixe im Rahmen der kommerziellen Derivation herauszuarbeiten. Zweitens stellte sich die Frage, inwieweit der Ableitungsprozess Interferenzen zur Ableitung in der deutschen Standardsprache aufweist.

Für die Suffixe war die Frage nach dem Erhalt des Morphemstatus relevant, d.h. diskutiert wurde in diesem Zusammenhang, ob sie als kommerzielle Suffixe noch über die semantisch-funktionale Bedeutung verfügen, die sie in der Ausgangssprache haben. Im Hinblick auf den Morphemstatus konnte gezeigt werden, dass nur in einigen Fällen die diminuierende Bedeutung der Ausgangssprache erhalten bleibt – z.B. bei einem Produktnamen wie *Beukelino,* handelt es sich doch hier um kleine Schokoladenkekse, oder auch bei *Montelino,* mit dem Konfektstücke in Form eines kleinen Bergs bezeichnet werden.

In anderen Fällen wie *bei Sanella, Butella* und *Zottarella* kommt die fremdsprachliche Adaption nicht in ihrer ursprünglichen Bedeutung, der Diminuierung, zum Tragen. Die Verwendung der Suffixe verdankt sich vielmehr einer Funktion, die mit dem Begriff des Phonästhems erklärt werden konnte. Bei Phonästhemen handelt es sich um submorphematische Einheiten, die ihre Bedeutsamkeit über rekurrente Wortbestandteile in analogen Kontexten entfalten. Wortinitiale Segmente wie *schl-* in *schl*ickig, *schl*eimig oder *schl*ierig können semantisch aufgeladen werden; in den genannten Beispielen vermitteln sie die Bedeutung des Unangenehmen, Unsauberen.

Für die italienischen Diminutivsuffixe in deutschen Produktnamen traf in einigen Fällen die Lesart der Suffixe als Phonästheme zu, denn auch sie entwickeln ihre Funktion innerhalb eines Kontextes – des Foodbereichs. Hier wirken sie als positiv konnotierte Steuerungselemente, deren Leistung darin besteht, als fremdsprachlich markierte Formen assoziativ branchenspezifisches Know-how zu vermitteln. Die Suffixe *-ella, -etto, -ina, -ino* verweisen so auf das Ursprungsland Italien, mit dem kulinarisch Höherwertiges verbunden wird. Ihre Funktion ist so mit der der Xenismen vergleichbar, mit denen auf der Basis rudimentärer Fremdsprachenkenntnisse „bekannte" Fremdheit vermittelt wird.

Die Analyse konnte zudem zeigen, dass sich die Deutung der Suffixe als Phonästheme hier nicht allein durch den Kontext ergibt, sondern über Morpheme entwickelt wird, die per se semantische Träger sind. Bei dem wortinitialen *schl* ist dies nicht der Fall.

Über die formale und funktionale Repräsentation der Diminutivsuffixe wurden Aspekte der Produktnamenderivation erörtert. Hier konnte im Vergleich mit den Ableitungsregeln des Normalwortschatzes herausgestellt werden, dass die Ableitung von Produktnamen durch mehr Freiheiten gekennzeichnet ist. Anhand des Vergleichs der Stammformbildung zwischen Normalwortschatz und Produktnamenbildung wurde deutlich, dass die Produktnamenderivation nicht völlig, aber doch weitgehend unabhängig von normspezifischen Restriktionen ist.

Die Derivationsstammformen bilden oft nur Segmente wie z.B. *but-ella* oder *apet-ina*, an die so suffigiert wird, dass sie der gewünschten italienischen Lautgestalt, Trochäus mit Auftakt, entsprechen. Ziel der Ableitung sind, und das konnte an den oben genannten Beispielen gezeigt werden, nicht möglichst transparente Formen wie **butt-ella* oder **Appet-ina*, sondern solche, die durch Geminatenwegfall eine größtmögliche Nähe zur italienischen Lautstruktur aufweisen.

Der Ableitungsprozess vollzieht sich im Vergleich zu dem des Normalwortschatzes regelwidrig, aber dennoch nicht regellos, konnte doch für den Ableitungsprozess eine Regel formuliert werden. Die Ableitungsbasis muss immer über eine mit C besetzte Coda verfügen, an die mit *-ella, -ello, -ina* etc. suffigiert werden kann.

Die Ableitung ist darüber hinaus so frei, Epenthesen vorzunehmen, um möglichst leicht zu artikulierende Formen hervorzubringen – hier ist sie sogar in der Lage, Strukturen zu bilden, die eine artikulatorische Verbesserung im Vergleich zur Ausgangssprache darstellen. Die Form *blue-d-ino,* mit epenthetischem [d], stellt eine Ausspracheerleichterung im Vergleich zur zielsprachengerechten Affrikate [č] dar, die als epenthetischer Konsonant eingefügt wird, um einen Hiat zwischen Basis und Suffix zu vermeiden.

Der Derivationsprozess der Produktnamen ist zwar nicht regellos, da ja Ableitungsregeln formuliert werden können – anders als die Ableitungsprozesse im Normalwortschatz werden dennoch Regeln verletzt.

So basiert die Produktnamenderivation auf eigenen Stammformen, die im morphologischen Paradigma des Normalwortschatzes nicht vorkommen, handelt es sich doch um Silben oder Segmente von Silben. Die regelgeleitete Ableitung des nativen Wortschatzes vollzieht sich dagegen auf der Basis von Stämmen, die als „frei" und „wortfähig" bezeichnet werden (Eisenberg 1998/2000:271).

Somit ist sie durch Charakteristika gekennzeichnet, die es erlauben, sie in den Kontext extragrammatischer Operationen zu stellen.

Von extragrammatischen Operationen kann man dann sprechen, wenn für die Herausbildung bestimmter sprachlicher Strukturen keine allgemeinen Regeln angegeben werden können oder Regeln sogar verletzt werden. Ein Beispiel für eine grammatische Regelverletzung wäre, so Dressler, z.B. das Kompositum *„Armbrust"*, „ (…) which is an uninterpretable compound of Ger. Arm 'arm' and Brust 'breast'(…)" (Dressler 2000:2). Ein weiteres Beispiel für eine extragrammatische Operation wäre *„frisch-wärts"* (Coca-Cola-Reklame), da hier mit einer ungrammatischen Form an ein Adjektiv suffigiert wird (Dressler 2000:2). Wie lassen sich diese Aspekte auf die Produktnamenderivation übertragen?

Um extragrammatische Operationen handelt es sich insofern, als sich die Produktnamenderivation unter morphologischem Aspekt nicht regelgeleitet vollzieht und sich durch folgende Eigenschaften von der regelgeleiteten Ableitung unterscheidet:

- Die Ableitung basiert auf eigens geschaffenen Basen, d.h., der Input muss erst konstruiert werden.
- Das Ableitungsergebnis unterliegt prosodischen Beschränkungen – Trochäus mit Auftakt.
- Die Produktnamen-Derivation ist eine output-orientierte Derivation.

Die Produktnamenderivation zeigt zwar deutliche Abweichungen zu der Ableitung des Normalwortschatzes, dennoch ist sie nicht regellos und schon gar nicht agrammatisch. Die exemplarische Analyse im Rahmen der Optimalitätstheorie stellte einen weiteren Schritt dar, differenziertere Aussagen über die abgeleiteten Produktnamen im Hinblick auf ihre Grammatikalität zu fällen. Produktnamen unterliegen in besonderem Maße einer funktionalen Konzeption; da sie werbende Funktion haben, sollen sie auffällig sein, gut memorierbar und perzipierbar und, wenn möglich, international einsetzbar.

Mit den Beschränkungen, die die Optimalitätstheorie mit den Treuebeschränkungen und den Markiertheitsbeschränkungen bereitstellt, lässt sich untersuchen, ob und inwiefern sich diese funktionalen Anforderungen unter silbenphonologischen und morphologischen Aspekten niederschlagen.

Mit Hilfe der OT lassen sich folgende Fragestellungen untersuchen:

1. Warum ist eine sprachliche Form, in unserem Fall ein realisierter Produktname, „besser" als konkurrierende Formen?
2. Warum ist diese eine Form unter silbenphonologischen und morphologischen Gesichtspunkten optimal?
3. Welche OT-Beschränkungen sind hierfür verantwortlich?

Eine Untersuchung im Rahmen der OT kann auf diese Weise präzise erfassen, warum unter möglichen Formen eine bestimmte realisiert wird und wie die OT-Beschränkungen hierarchisiert sind.

Für die durch Derivation entstandenen Produktnamen hat die OT-Analyse gezeigt, dass phonetische Wohlgeformtheit ein wesentliches Kriterium ist, das funktional eine leichte Artikulierbarkeit und Memorierbarkeit ermöglicht.

Alle Produktnamen mit italienischen Suffixen weisen mehrheitlich einfache Silbenränder auf (*NoComplOns*) und, bedingt durch die vollvokalisch endenden Suffixe, offene Silbenränder am Wortausgang (*NoCoda*). Präferiert werden somit Formen, die silbenphonologisch auf die Annäherung an die optimale Silbenform CV.CV hin konzipiert sind. Komplexe Silbenanfangsränder weist in wenigen Fällen nur der Wortanfang auf (*Brandino, Bluedino*). Verantwortlich ist hierfür die Übernahme der ersten Silbe oder von Segmenten der ersten Silbe der zugrunde liegenden Vollform. Auf diese Weise können manche Produktnamen noch Informationen zur Eigenschaft, Beschaffenheit oder zur Herkunft des Produkts vermitteln. Für die Konzeption der abgeleiteten Produktnamen stehen die Wohlgeformtheitsbeschränkungen mit ihrer Forderung nach einfachen Silbenrändern hierarchisch über den Treuebeschränkungen, die eine größtmögliche Treue des Outputs zum Input verlangen (*MAX*).

Die folgende Datenmenge der durch Kürzung entstandenen Produktnamen stellte ein weiteres Wortbildungsverfahren dar, das gezielt zur Produktnamenbildung eingesetzt wird. Kurzwörter sind sprachlich von besonderem Interesse, da sie im Grunde nur eine einzige Bedingung zu erfüllen haben: die Artikulation und Perzeption so einfach wie möglich zu machen (Ronneberger-Sibold 1992:158). Die Wortkürzung ist strukturell durch besondere Freiheiten gekennzeichnet, denn sie unterliegt keinen morphologischen Grenzen und ist nicht gebunden an innere Grenzen wie Stamm und Affixe (Ronneberger-Sibold 1992:159).

Die Analyse der Produktnamenbildung durch Wortkürzung, die die Wörter nach präferierten Silbenzahlen, Silbenformen wie auch nach ihrer Lautstruktur untersuchte, konnte übergreifende Präferenzen belegen. Die Kurzwörter zeigen eine deutliche Tendenz zu offenen Silben und einfachen Silbenrändern. 40% der Zweisilber und rund 54% der Dreisilber weisen eine Struktur auf, die dem universell präferierten Strukturtyp CV.CV. entspricht. Die Tendenz zu offenen Silben beinhaltet wesentliche Vorteile im Hinblick auf die Anforderungen, die an Produktnamen gestellt werden, wie z.B. leichte Artikulierbarkeit und Perzipierbarkeit. Der Kürzungsvorgang stellt in vielen Fällen eine Verbesserung zu den zugrunde liegenden Vollformen dar; können doch dadurch schwere Silbenendränder vermieden werden: Aus einem Produktnamen wie *Eduard Schopf* kann die morphonologisch optimale Form *Eduscho* entstehen.

Von Interesse war auch hier, ob über die statistisch ermittelten Präferenzen hinaus im Rahmen der OT noch weitere Aussagen über die Wortkürzung gemacht werden können. Denn Kurzwörter stehen über das spezielle Wortbildungsverfahren der Kürzung in einem Konflikt, der folgende Anforderungen vorsieht:

Sie müssen erstens in einer Beziehung zur zugrunde liegenden Vollform stehen, und sie müssen zweitens möglichst einfach auszusprechende Formen hervorbringen. Im Set der OT-Beschränkungen stehen sie somit in konfligierender Interaktion zwischen Treuebeschränkungen (= die Beziehung zur Vollform) und Wohlgeformtheitsbeschränkungen (= leichte Artikulation).

Die Analyse anhand einiger Beispiele führte zu nachstehenden Ergebnissen: Den Konflikt zwischen den Anforderungen der OT lösen die Kurzwörter folgendermaßen: Es wird so gekürzt, dass immer wortinitiale Segmente in die Kürzung mit eingehen (*Milch + Kakao = Milka, Eduard Schopf = Eduscho*), denn diesen kommt eine wesentliche Bedeutung im Kürzungsvorgang zu. So sind z.B. die unterstrichenen Segmente in *Milch* und *Kakao* Träger des semantischen Gehalts. Wenn diese in den Outputformen erhalten bleiben, so deshalb, weil so zumindest eine Teiltransparenz gewährleistet ist. Nicht-lexikalische Elemente wie Affixe werden dagegen weggekürzt, und zwar aus folgenden Gründen: Sie tragen keinen semantischen Gehalt und verstoßen zudem gegen die hoch gerankte Beschränkung wie NoCoda, werden doch Formen mit offenen Silben angestrebt. Die Outputformen der durch Kürzung entstandenen Produktnamen sind durch Präferenzen gekennzeichnet, die auch die abgeleiteten Produktnamen aufweisen. Auch sie bevorzugen einfache Silbenränder und vollvokalisch endende Formen, in Annäherung an die italienische Lautgestalt.

Die letzte untersuchte Datenmenge stellten die Kunstwörter dar. Als sprachliche Repräsentanten besonderer formaler Originalität sind sie durch verschiedene Auffälligkeiten in Lautung, Morphologie und Graphie gekennzeichnet.

Zu den Kunstwörtern wurden Produktnamen gezählt, die sich durch nicht standardsprachliche Lautverbindungen auszeichnen und Veränderungen im An- und Auslaut aufweisen (z.B. *Smild, Rama, Wella*) wie auch Produktnamen, die als Onomatopoetika interpretiert werden können (*Slurp, Miam*). Mit einbezogen wurden darüber hinaus Kunstwörter, die im Grunde Wortneuschöpfungen darstellen. Hierzu zählen Produktnamen wie *Fritt* oder *Kiri,* da sie weder morphologische noch semantische Konzepte aufweisen. Als Spielarten der Wortneuschöpfungen wurden Palindrome wie *Oxo* und *Maoam* mit aufgenommen, da sie ebenfalls morphologisch und semantisch nicht transparent sind, wie auch Produktnamen, die primär auf Lautbedeutsamkeit hin angelegt sind (*Tschisi, Bifi*).

Die Kunstwörter wurden wie die Kurzwörter nach einem statistischen Verfahren im Hinblick auf morphologische und phonologische Besonderheiten untersucht. Das analoge Untersuchungsverfahren bot die Möglichkeit, hier dezidiert Vergleiche zwischen den beiden Datenmengen vorzunehmen. Von Interesse war dies insofern, als davon ausgegangen werden kann, dass sich etwaige Präferenzen bei den Kunstwörtern stärker als bei den Kurzwörtern durchsetzen müssen, und zwar aus folgendem Grund: Kurzwörter lassen sich immer, im Gegensatz zu den Kunstwörtern, auf zugrunde liegende Vollformen zurückführen und somit auf schon vorhandene Wortstrukturen. Morphologische Eingriffe können, da das sprachliche Material weniger flexibel ist, nur begrenzt vorgenommen werden.

Der Konstruktion von Kunstwörtern sind dagegen kaum Grenzen gesetzt – die Wortbildung kann sich hier gewissermaßen frei zwischen werbewirksamem Kalkül und sprachlicher Phantasie bewegen.

Der Vergleich zwischen den Kurz- und den Kunstwörtern zeigte im Hinblick auf morphologische und phonologische Eigenschaften deutliche Übereinstimmungen.So werden zweisilbige Produktnamen mit 49% sowohl bei den Kurzwörtern als auch den Kunstwörtern eindeutig bevorzugt, während Viersilber jeweils das „Schlusslicht“ bilden. Nur 4,4% der Kurzwörter sind Viersilber, und nur rund 3% der Kunstwörter weisen viersilbige Strukturen auf. Weitere Übereinstimmungen betreffen die Silbenformen. Die Mehrsilber in beiden Datenmengen bevorzugen offene Silben. Bei den Zweisilbern liegen sogar identische Werte vor. 40% der zweisilbigen Kunst- und Kurzwörter bevorzugen offene Silben. Bei den Dreisilbern der Kurzwörter liegen die Werte für offene Silben bei 54%, bei den Kunstwörtern bei 33%, was hier jedoch den höchsten Anteil ausmacht. Parallelen im Hinblick auf die Silbenformen weisen auch die Einsilber auf. Im Gegensatz zu den Mehrsilbern werden hier geschlossene Silben präferiert. Der Anteil für die Kurzwörter beträgt 75%, während die Kunstwörter ausschließlich, also zu 100%, geschlossene Silben haben. Dies mag zunächst verwundern, kann jedoch mit der strukturellen Kürze der Einsilber erklärt werden. Der Einsilber benötigt die geschlossene Silbe, um distinktiv sein zu können (Ronneberger-Sibold 1992:105). Vor dem Hintergrund der Anforderungen der Produktnamenkreation hat dies auch eine funktionale Berechtigung: Eine werbende und appellhafte Funktion können Produktnamen nur dann erfüllen, wenn sie für die Perzeption und Artikulation markant sind – für die Einsilber, die auf einer sprachlich minimalen Basis stehen, ist das konsonantische Wortende daher günstiger als der vollvokalische Auslaut.

Im Hinblick auf die Besetzung der Silbenränder zeigten sich ebenfalls Parallelen. Die Mehrsilber der Kurz- wie auch der Kunstwörter bevorzugen einfache Silbenanfangsränder. Die optimale Silbenform **C**V.**C**V wird bei den Kurzwörtern mit 45% präferiert, bei den Kunstwörtern liegt der prozentuale Anteil sogar bei 63,32%. Vergleichbares gilt für die Dreisilber: 77% der dreisilbigen Kurzwörter und 86% der dreisilbigen Kunstwörter bevorzugen die Silbenstruktur **C**V.**C**V.**C**V. Den Viersilbern, die zwar ähnliche Präferenzen aufweisen, kann aufgrund ihres geringen Auftretens im Grunde keine Aussagekraft zuerkannt werden, ein Aspekt, auf den mehrfach hingewiesen wurde.

Auch die analysierten lautlich-segmentalen Eigenschaften konnten deutliche Übereinstimmungen zwischen den Datenmengen belegen.

Die Besetzung der Tonvokale zeigt, dass der vordere, gespannte Tonvokal [i:] bei beiden Datenmengen bevorzugt wird. Ähnliches gilt für die Vokale im Wortauslaut. Den hinteren Vokal [a] präferieren sowohl die Kurzwörter als auch die Kunstwörter, mit 46,66% die erstgenannten, mit 53,71% die Kunstwörter.

Präferenzen im Hinblick auf Lautkombinationen haben ebenfalls übergreifende Parallelen zutage treten lassen. Eine Kombination aus vorderem Tonvokal und hinterem Auslautvokal am Wortende wird sowohl von den Kurzwörtern als auch den Kunstwörtern bevorzugt – bei den Kurzwörtern mit 56%, bei den Kunstwörtern mit 30,76%.

Eine Lautkombination, bei der eine alternierende Besetzung von vorderem Ton- und hinterem Auslautvokal angestrebt wird, scheint im Hinblick auf leichte Artikulierbarkeit und Perzeption optimal zu sein als eine Besetzung mit Lauten identischer Qualität.

In der Besetzung des phonologischen Raums zeigen die Produktnamen erhebliche Differenzen zum Normalwortschatz. Eine mehrsilbige deutsche Wortform endet mehrheitlich auf ein Phonem, nämlich [ə], dem häufigsten im Deutschen vorkommenden Vokal (Ronneberger-Sibold 1992:107). Bei den Produktnamen kam auslautendes [ə] dagegen nur in einigen wenigen Fällen vor (*Ace*, *Hakle*). Die Produktnamenbildung „befreit“ sich gleichsam von einem Laut, der für die Perzeption und Memorierbarkeit wenig zuträglich ist, und optimiert auf diese Weise den für die Produktnamen so wichtigen Aspekt der Informationsübertragung.

Die Produktnamenkreation bildet, und das konnte die Untersuchung an Teilaspekten zeigen, eine Schnittstelle zwischen natürlich regelgeleiteten und künstlichen Wortbildungstechniken.

Als sprachliche Artefakte kennen Produktnamen durchaus ihre eigenen Techniken und entwickeln spezifische Eigenheiten, dennoch bewegen sie sich nie jenseits morphologischer oder phonologischer Normen. Vielmehr sind sie in der Lage, morphonologische Optimierungen vorzunehmen, die der regelgeleitete Wortschatz nicht zulassen kann. Wirksam werden sie da, wo, wie im Fall der Produktnamen, Benennungsnotwendigkeiten entstehen, oder anders ausgedrückt, wo sprachliche Formen unter pragmatischen Aspekten geschaffen werden.

Im Spannungsfeld zwischen Linguistik, marketing-orientierten Aspekten wie Werbewirksamkeit und internationaler Einsetzbarkeit tragen Produktnamen wesentlich zur Wortschatzerweiterung bei und positionieren sich als sprachlich hochspezialisiertes und leistungsfähiges Phänomen.

# Literatur


Aaker, David (1991): *Managing Brand Equity. Capitalizing on the value of a Brand Name.* Australia: B&T.

Alewell, Karl (1974): Markenartikel. In: *Handwörterbuch der Absatzwirtschaft,* Wiesbaden: Schäffer-Poeschel.

Altmann, Hans; Kemmerling, Silke (2000): *Wortbildung* fürs *Examen,* Göttingen: Vandenhoeck & Ruprecht.

Auer, Peter (1991): Zur More in der Phonologie. In: *Zeitschrift für Sprachwissenschaft 10* (1991) 3–36.

Augst, Gerhard (2001): Gefahr durch lange und kurze Wörter? **L**ang- und **K**urzwortgefahr? LKW-Gefahr? In: Stickel G. (Hrsg.): *Neues und Fremdes im deutschen Wortschatz,* Berlin, New York: de Gruyter, 210–238.

Barz, Irmhild (2001): Interferenzen beim Wortschatzaufbau, In: Stickel, G. (Hrsg.): *Neues und Fremdes im deutschen Wortschatz,* Berlin, New York: de Gruyter, 156–273.

Barz, Irmhild (1998): Neologie und Wortbildung. Zum Neuheitseffekt von Wortneubildungen. In: Teubert, W. (Hrsg.): *Neologie und Korpus,* Tübingen: Narr, 11–30.

Bastian, Sabine (1996): Motivation und Struktur von Warennamen im Französischen. In: Gläser, R. (Hrsg.): *Eigennamen in der Fachkommunikation,* Frankfurt am Main: Peter Lang, 205–214.

Bat-El, Outi (2000): The grammatically of „extragrammatical" morphology. In: *Extragrammatical and Marginal Morphology,* LINCOM Studies, ed. by Doleschal U. and Thornton Anna M., München: Lincom Europa, 61–81.

Bellmann, Günter (1980): Zur Variation im Lexikon: Kurzwort und Original. In: *Wirkendes Wort* 30: 369–383.

Benware, Wilbur A. (1980): Zum Fremdwortakzent im Deutschen. In: *Zeitschrift für Dialektologie und Linguistik, XLVII.Jahrgang. Heft 3,* 289–312.

Brandmeyer, Klaus/Deichsel, Alexander (1991): *Die magische Gestalt.* Die *Marke im Zeitalter der Massenware*, Hamburg: Marketing Journal.

Bratschi, Rebecca (2005): *Xenismen in der Werbung,* Frankfurt am Main, Berlin, Bern: Peter Lang.

Bruhn, Manfred (Hrsg.) (1994): *Handbuch Markenartikel,* Stuttgart: Schäffer-Poeschel.

Casali, Roderic F. (1997): Vowel Elision in Hiatus Contexts: Which Vowel goes? *Language* 73, 493–533.

Cutler, Anne et al. (1985): The suffixing preferences: A processing explanation. *Linguistics*, 23, 723–758.

Draeger, Kerstin (1996): *Die semantische Leistung der suffixalen Wortbildungsmorpheme der Substantive in der deutschen Gegenwartssprache,* Aachen: Shaker.

Dressler, Wolfgang Ullrich (1990): Sketching Submorphems within Natural Morphology. In: *Naturalists at Krems,* ed. by J. Mendez Dosuna, Salamanca 1990.

Dressler, Wolfgang Ullrich/Barbaresi Lavinia Merlini (Hgg.) (1994): *Morphopragmatics. Diminutives and Intensifiers in Italian, German and Other Languages,* Berlin, New York: de Gruyter.

Dressler, Wolfgang Ullrich (2000): Extragrammatical vs. marginal morphology. In: *Extragrammatical and Marginal Morphology*, LINCOM Studies, ed. by Doleschal, U. and Thornton, A., München: LINCOM Europa, 107–126.

Ehlich, Konrad (1986): Xenismen und die bleibende Fremdheit des Fremdsprachensprechers. In: *Interpretation und Identität,* Tübingen: Narr, 45–54.

Eisenberg, Peter (1981): Substantiv oder Eigenname? Über die Prinzipien unserer Regeln zur deutschen Rechtschreibung. *Linguistische Berichte,* 72, 77–101.

Eisenberg, Peter (1991): Syllabische Struktur und Wortakzent: Prinzipien der Prosodik deutscher Wörter. *Zeitschrift* für *Sprachwissenschaft*, Bd.10, 37–62.

Eisenberg, Peter (1999). Stirbt das Deutsche an den Internationalismen? In: *Der Deutschunterricht* 3, 17–24.

Elsen, Hilke (2004): *Neologismen.* Formen und Funktionen neuer Wörter in verschiedenen Varietäten des Deutschen, Tübingen: Narr.

Esch, Franz-Rudolf (2001): *Moderne Markenführung.* Grundlagen - Innovative Ansätze - Praktische Ansätze. 3. erweiterte und aktualisierte Auflage, Wiesbaden: Gabler.

Féry, Caroline (1997): Uni und Studis: die besten Wörter des Deutschen. In: *Linguistische Berichte* 172, 461–489.

Fezer, Karl-Heinz (1997): *Markenrecht.* Beck'sche Kurzkommentare, Bd. 13b, München: C. H. Beck, 56–73.

Firth, John Rupert (1937): *The Tongues of mens, and Speech,* London: Oxford University Press.

Flader, Dieter (1974): *Die Sprache der Werbung*, Kronberg Ts.: Scripton Verlag.

Fleischer, Wolfgang/Barz, Irmhild (1992): *Wortbildung der deutschen Gegenwartssprache,* Tübingen: Niemeyer.

Fritz, Thomas (1994): *Die Botschaft der Markenartikel,* Vertextungsstrategien in der Werbung, Tübingen: Stauffenburg.

Fuhrhop, Nanna (1998): *Grenzfälle morphologischer Einheiten*, Tübingen: Stauffenburg.

Gabriel, Klaus (2003): *Produktonomastik,* Berlin, New York: Peter Lang.
Gallmann, Peter (1997): Zur Morphosyntax der Eigennamen im Deutschen. In: Löbel, E. und Rauh, G. (Hgg.): *Lexikalische Kategorien und Merkmale,* Tübingen: Niemeyer (= Linguistische Arbeiten, 366), 72–84.
Gläser, Rosemarie (1973): Zur Namengebung in der Wirtschaftswerbung.Warenzeichen im britischen und amerikanischen Englisch. In: Eichler, E. u.a. (Hgg.): *Der Name in Sprache und Gesellschaft,* Berlin, Akademie-Verlag, 220–238.
Gläser, Rosemarie (1978): Warennamen im Englischen und Deutschen. In: *Namenkundliche Informationen NI 33. Beiträge zum XIII. Internationalen Kongress für Namenforschung in Krakow.* Karl-Marx-Universität Leipzig, 14–25.
Gläser, Rosemarie (Hrsg.) (1996): *Eigennamen in der Fachkommunikation.* Leipziger Studien 12, Frankfurt am Main: Peter Lang, 191–204.
Gotta, Manfred et al. (1988): *BRAND NEWS. Wie Namen zu Markennamen werden,* Hamburg: Spiegel-Verlagsreihe Fach und Wissen.
Gutknecht, Christoph/Wehking, Erwin (1985): Produktnamen. Eine eigene Klasse konkreter Substantive? In: *Review of Applied Linguistics* 67/68, 77–89.
Greule, Albrecht (1996): Reduktion als Wortbildungsprozess. In: *Muttersprache* 106, 193–203.
Greule, Albrecht (1983/84): „Abi", „Krimi", „Sponti". Substantive auf *i* im heutigen Deutsch. In: *Muttersprache* 94, 207–217.
Haarmann, Harald (1984): Fremde Namen für einheimische Industrieprodukte. In: *Beiträge zur Namenforschung 19, 2:* 201–221.
Hakkarainen, Heikki J. (1977): Produktnamen im integrierten Europa. In: Draye H. (Hrsg.): *Berichte des XII. Internationalen Kongresses für Namenforschung, Bern 1975. Band 2.* Leuven: International Centre of Onomastics, 421–415.
Heller, Klaus et al. (1988): *Theoretische und praktische Probleme der Neologismenlexikographie. Überlegungen und Materialien zu einem Wörterbuch der in der Allgemeinsprache der DDR gebräuchlichen Neologismen* (= Linguistische Studien, Reihe A, Arbeitsberichte 184), Berlin.
Herstatt, Johann David (1985): *Die Entwicklung von Markennamen im Rahmen der Neuproduktplanung,* Frankfurt am Main, Bern, New York: Peter Lang.
Hirschmann, Irena (1994): *Vergleich der Silbenstrukturen und der Akzentuierung der deutschen Standardsprache und der tschechischen Schriftsprache,* Theorie und Forschung, Bd. 297, Sprachwissenschaft Bd. 4, Regensburg: Roderer Verlag.
Janich, Nina (2001): *Werbesprache. Ein Arbeitsbuch*, Tübingen: Narr.
Kager, René (1999): *Optimality Theory,* Cambridge: Cambridge University Press.

Kalverkämper, Hartmut (1978): *Textlinguistik der Eigennamen,* Stuttgart: Klett-Cotta.

Kasten, Inga (2008): *Linguistische Markenführung: Die Sprache der Marken – Aufbau, Umsetzung und Wirkungspotenziale eines handlungsorientierten Markenführungsansatzes,* Münster: LIT Verlag.

Kemmerling-Schoeps, Silke (2001): *Produktive Wortbildungstypen in der Werbesprache: Eine Untersuchung substantivischer Neuprägungen in der Verbrauchsgüterwerbung*, Microfiche-Ausgabe, Deitzisan Programmierservice.

Kinne, Michael (1998): Der lange Weg zum deutschen Neologismenwörterbuch. In: Teubert, W. (Hrsg.): *Neologie und Korpus,* Narr: Tübingen, 63–110.

Kircher, Sybille (2001): Gestaltung von Markennamen. In: Esch, F.-R. (Hrsg.): *Moderne Markenführung,* 3. Auflage, Wiesbaden: Gabler, 475–493.

Knobloch, Clemens (1992): Eigennamen als Unterklasse der Nomina und in der Technik des Sprechens, In: *Sprachwissenschaft 17,* 451–473.

Kobler-Trill, Dorothea (1994): *Das Kurzwort im Deutschen, Eine Untersuchung zu Definition, Typologie und Entwicklung*, Tübingen: Niemeyer.

Köpcke, Klaus-Michael (2002): Die sogenannte *i*-Derivation in der deutschen Gegenwartssprache. In: *Zeitschrift für germanistische Linguistik 30.3,* 293–309.

Kohli, Chiranjeev/LaBahn, Douglas W./Thakor, Mrugank (2001): Prozess der Namensgebung. In: Esch, F.-R. (Hrsg.): *Moderne Markenführung.* Grundlagen - Innovative Ansätze - Praktische Ansätze. 3. erweiterte und aktualisierte Auflage, Wiesbaden: Gabler, 451–474.

Koß, Gerhard (1976): Eigennamen als Warennamen. In: *Beiträge zur Namenforschung,* Bd. 11, 411–424.

Koß, Gerhard (1996): *Namenforschung. Eine Einführung in die Onomastik.* 2. Auflage, Tübingen: Niemeyer.

Koß, Gerhard (2001): Die runde *Irmgard* mit der gelben Farbe: Die Warennamen. In: *Namenforschung, Eine Einführung in die Onomastik 3,* Tübingen: Niemeyer, 177–242.

Krichbaum, Jörg (1997): *Made in Germany,* München: Deutscher Taschenbuchverlag.

Langner, Tobias (2003): *Integriertes Branding. Baupläne zur Gestaltung erfolgreicher Marken,* Wiesbaden: Gabler.

Latour, Susanne (1992): Der treffende Name: Ein strategischer Faktor für den internationalen Erfolg. In: *Der Markenartikel,* 4/92, 140–145.

Latour, Susanne (1996): *Namen machen Marken: Handbuch zur Entwicklung von Firmen- und Produktnamen*, Frankfurt am Main: Campus Verlag.

Leitherer, Eugen (1994): Geschichte der Markierung und des Markenwesens. In: Bruhn, M. (Hrsg.): *Handbuch Markenartikel,* Bd. 1, Stuttgart, 135–152.

Lötscher, Andreas (1992): *Von Ajax bis Xerox. Ein Lexikon der Produktenamen*, Zürich: Artemis & Winkler.
Moser, Wolfgang (1996): *Xenismen. Die Nachahmung fremder Sprachen,* Frankfurt am Main: Peter Lang.
Ortmann, Wolf-Dieter (1980): *Sprechsilben im Deutschen,* München: Goethe Institut.
Ortner, Hanspeter; Ortner, Lorelies (1984). *Zur Theorie und Praxis der Kompositaforschung.* Tübingen, Narr (= Forschungsberichte des Instituts für deutsche Sprache 55).
Pfeiffer, Herbert (1985): Palindrome in der Werbung. In: *Sprachwissenschaft,* Bd. 10, 1985, 53–58.
Plank, Frans (1981): *Morphologische (Ir)Regularitäten,* Tübingen: Narr.
Platen, Christoph (1997): *„Ökonymie", Zur Produktnamen-Linguistik im Europäischen Binnenmarkt,* Tübingen: Niemeyer.
Platen, Christoph (1999): „Vivan los Wochos". Romanismen in der deutschen Alltagskultur. In: *Kulturelle und sprachliche Entlehnung: Die Assimilierung des Fremden.* Akten der gleichnamigen Sektion des XXV. Deutschen Romanistentages im Rahmen von *Romania I* in Jena vom 28.9.–2.10.1997, Bonn: Romanistischer Verlag, 138–154.
Platen, Christoph (2000): Köpi, Kelts und Knusperone - Morpheme in Zeiten der Marktwirtschaft. In: Barz I., Schröder M., Fix U. (Hgg.): *Praxis- und Integrationsfelder der Wortbildungsforschung*, Heidelberg: Universitätsverlag C. Winter, 239–251.
Pohl, Inge (1990): ROM-Speicher, Interlauch, Plantainer – Spielräume in der Verwendung von Kurzformen. In: *Sprachwissenschaft und Kultur, Tagungsband der Konferenz in Neubrandenburg am 10. und 11.5. 1990,* Frankfurt am Main: Peter Lang, 121–133.
Pohlmann, Jörg (2003): *Das Lexikon der Markennamen, Logos, Slogans, Storys,* München: Knaur Taschenbuchverlag.
Praninskas, Jean (1968): *Trade Name Creation,* The Hague/Paris: Mouton de Gruyter.
Raible, Wolfgang (1968): Das Warenzeichen aus der Sicht des Sprachwissenschaftlers. In: *Der Markenartikel,* Bd. 30, 498–512.
Ramers, Karl-Heinz (1988): *Vokalquantität und -qualität im Deutschen.* Tübingen, Niemeyer (Linguistische Arbeiten 213).
Riesenbeck, Hajo (1994): Globale Marken – wie global sind sie wirklich? In: *Markenartikel 7,* 328–334.
Römer, Ruth (1976): *Die Sprache der Anzeigenwerbung,* Düsseldorf: Pädagogischer Verlag Schwann, 5. Aufl.

Ronneberger-Sibold, Elke (1992): *Die Lautgestalt neuer Wurzeln. Kürzungen und Kunstwörter im Deutschen und Französischen*, unveröffentlichte Habilitationsschrift, Freiburg im Breisgau: Albert-Ludwigs-Universität.

Ronneberger-Sibold, Elke (1995): Die Optimierung von Lautgestalten durch Wortkürzung und durch langfristigen Sprachwandel. In: Boretzky, N. (Hrsg.): *Natürlichkeitstheorie und Sprachwandel,* Bochum: Universitätsverlag Brockmeyer, 31–44.

Ronneberger-Sibold, Elke (1997): Sprachökonomie und Wortschöpfung. In: Birkmann, Th., Klingenberg, H. et al. (Hgg.), *Vergleichende und germanische Philologie und Skandinavistik. Festschrift für Otmar Werner,* Tübingen: Niemeyer, 249–261.

Ronneberger-Sibold, Elke (1997): Foreign elements in German and French Trade Names. In: *Language history and linguistic modelling,* A Festschrift for J. Fisiak on his 60th birthday, Vol. II: Berlin, New York: de Gruyter, 1781–1800.

Ronneberger-Sibold, Elke (1998): Wortschöpfung im Deutschen: Zur morphologischen und phonologischen Struktur deutscher Handelsnamen. In: *Sammelband des 2. Internationalen Symposions zur Natürlichkeitstheorie,* 23.–25. Maribor 1996, 215–229.

Ronneberger-Sibold, Elke (1998): „Form follows Function"; Zur Geschichte der deutschen Markennamen. In: *ZAS, Papers in Linguistics* 12 (1989), 212–232.

Ronneberger-Sibold, Elke (1999): La création de connotation à valeur affective dans les noms de marques. In: *Si lexikales,* Nr. 2, Publication de I'U.M.R. 8528 du C.N.R.S. (SILEX). - Université de Lille IN: 219–227.

Ronneberger-Sibold, Elke (2001): Phonological Features identifying the sound shape of morphs. In: *Naturally, Linguistic studies in honour of W. U. Dressler, presented on the occasion of his 60th birthday*, ed. by Schaner-Wollis, C., Rennison, J., Neubarth, F., 441–450.

Rüschen, Gerhard (1994): Ziele und Funktionen des Markenartikels. In: Bruhn, M. (Hrsg.): *Handbuch Markenartikel,* Bd. 1, Stuttgart: Schäffer-Poeschel, 122–133.

Schenk, Hans-Otto (1997): Funktionen und Psychostrategie von Handels- und Gattungsmarken. In: Bruhn, M. (Hrsg.): *Handelsmarken,* Stuttgart: Schäffer-Poeschel, 71–95.

Scherer, Hans (1984): Siglen. Bemerkungen zu einem sprachlichen Jahrhundert-Phänomen am Beispiel des Französischen. In: *Sprache und Literatur in Wissenschaft und Unterricht* 15, 73–93.

Scherer, Hans (1986): Siglen als Indikator des Kulturwandels. In: *Zeitschrift für Semiotik* 8, Heft 4, 345–378.

Schippan, Thea (1989): Markennamen – Linguistische Probleme und Entwicklungstendenzen. In: *Beiträge zur Erforschung der deutschen Sprache* 9 (1989), 48–55.

Schrodt, Richard (2002): Schön, neu und fesch – die Anglizismen in der deutschen Werbung. In: Muhr, R/Kettemann, B. (Hgg.): *EUROSPEAK. Der Einfluss des Englischen auf europäische Sprachen zur Jahrtausendwende*, Frankfurt/Main 2002: Peter Lang, 101–116.

Schuhmacher, Walter (1969): Zur Typologie der Markenartikelnamen: In: *Linguistics 47,* 68–72.

Sialm-Bossard, Victor (1977): Spezifität und Klassifikationsprobleme der Markennamen. In: *Onoma,* Vol. 20, 1976, 268–276.

Sprengel, Rolf (1990): *EUROPA 93* – Sind vorhandene Markennamen international einsetzbar? In: *Markenartikel 52:9,* 410–413.

Šramek, Rudolf (1996): Namen von Sachen, Tieren und Einrichtungen. In: *HSK11.2,* Namenforschung, 1996, 1562–1648.

Steinhauer, Anja (2001): „Azubi" bis „Zivi", von „ARD" bis „ZDF". Kurzwörter im Deutschen. In: *Der Sprachdienst* 1/01, 1–14.

Stoll, Kai-Uwe (1999): *Markennamen, Sprachliche Strukturen, Ähnlichkeit und Verwechselbarkeit*, Frankfurt am Main: Peter Lang.

Thornton, Anna (2000): *On -ex and -tex.* In: *Extragrammatical and Marginal Morphology*, LINCOM Studies, ed. by Doleschal, U. and Thornton, A., München: LINCOM Europa, 107–126.

Treis, Barto/Schönenberg, Hilke (1997): Die Funktionen der Handelsmarke und ihr Schutz durch das Markenrecht. In: Bruhn, M. (Hrsg.): *Handelsmarken: Entwicklungstendenzen und ihre Zukunftsperspektiven der Handelsmarkenpolitik,* Stuttgart: Schäffer-Poeschel, 215–233.

Vennemann, Theo (1982): Zur Silbenstruktur der deutschen Standardsprache. In: Vennemann, Th. (Hrsg.): *Silben, Segmente, Akzente,* Tübingen: Niemeyer, 261–305.

Vennemann, Theo (1988): *Preference laws for syllable structure and the explanation of sound change*, Berlin: de Gruyter.

Vieregge, Werner (1983): Zum Gebrauch von Kurzwörtern im Neuhochdeutschen. In: *Sprachwissenschaft* 8, 207–235.

Voigt, Gerhard (1982): *Bezeichnungen für Kunststoffe im heutigen Deutsch,* Hamburg: Buske Verlag.

Voigt, Gerhard (1984): Markennamen – die fremden Alltagswörter. In: *Praxis Deutsch 67*, 63–70.

Voigt, Gerhard (1985): Zur linguistischen Bestimmung des Markennamens. In: *Grammatik, Semantik, Textlinguistik,* Akten des 19. Linguistischen Kolloquiums, Bd.1, Tübingen: Niemeyer, 123–135.

Walter, Heribert (1982): Genus- und Nominalklassen und die Dimension der Apprehension. In: Seiler, H./Lehmann, Ch. (Hgg.): *Apprehension. Das sprachliche Erfassen von Gegenständen,* Tübingen: Narr, 217–228.

Wegener, Heide (2004): *Pizzas* und *Pizzen* – die Pluralformen (un)assimilierter Fremdwörter im Deutschen. In: *Zeitschrift für Sprachwissenschaft 23,* 47–112.

Wellmann, Hans (1982): Namenkunde. Ein Überblick mit Bemerkungen zu neueren Büchern. In: *Wirkendes Wort 2,* 113–137.

Wellmann, Hans (1984): Die Wortbildung. In: *Duden. Grammatik der deutschen Gegenwartssprache,* 4. völlig neu bearb. u. erw. Aufl., Mannheim, Wien, Zürich, 386–501.

Wendelken, Peter (1967): Der Einfluss des Englischen auf das heutige Werbedeutsch. In: *Muttersprache 77,* 289–308.

Werner, Anja (1996): *i-Bildungen im Deutschen.* Düsseldorf: Universität Düsseldorf, (= Theorie des Lexikons. Arbeiten des Sonderforschungsbereichs 87.)

Werner, Otmar (1989): Sprachökonomie und Natürlichkeit im Bereich der Morphologie. In: *Zeitschrift für Phonetik, Sprachwissenschaft und Kommunikationsforschung,* Bd. 24, 34–47.

Westphal, Helga (1987): Warennamen in der bundesdeutschen Werbung. In: *Namenkundliche Informationen 51/1987,* 21–26.

Wilss, Wolfram (1985): Zur Produktion und Rezeption von Wortbildungserscheinungen. In: *Zeitschrift für germanistische Linguistik* 13, 279–294.

Wimmer, Rainer (1973): *Der Eigenname im Deutschen,* Tübingen: Niemeyer.

Würstle, Regina (1992): *Überangebot und Defizit in der Wortbildung. Eine kontrastive Studie zur Diminutivbildung im Deutschen, Französischen und Englischen.* Bonner romanistische Arbeiten, Bd. 24, Frankfurt am Main, Berlin, New York: Peter Lang.

Zelinsky-Wibbelt, Cornelia (1983): *Die semantische Belastung von submorphematischen Einheiten im Englischen,* Berlin, New York: Peter Lang.

**Potsdam Linguistic Investigations**
**Potsdamer Linguistische Untersuchungen**
**Recherches Linguistique à Potsdam**

Edited by / Herausgegeben von / Edité par
Peter Kosta, Gerda Haßler, Teodora Radeva-Bork,
Lilia Schürcks and / und / et Nadine Thielemann

Band 1 Peter Kosta / Lilia Schürcks (eds.): Linguistics Investigations into Formal Description of Slavic Languages. Contributions of the Sixth European Conference held at Potsdam University, November 30–December 02, 2005. 2007.

Band 2 Lilia Schürcks: Binding and Discourse. Where Syntax and Pragmatics Meet. 2008.

Band 3 Christiane Hümmer: Synonymie bei phraseologischen Einheiten. Eine korpusbasierte Untersuchung. 2009.

Band 4 Svetlana Friedrich: Definitheit im Russischen. 2009.

Band 5 Matthias Guttke: Strategien der Persuasion in der schriftkonstituierten politischen Kommunikation. Dargestellt an Parteiprogrammen der Neuen Rechten in Polen. 2010.

Band 6 Peter Kosta / Lilia Schürcks (eds.): Formalization of Grammar in Slavic Languages. Contributions of the Eighth International Conference on Formal Description of Slavic Languages – FDSL VIII 2009. University of Potsdam, December 2–5, 2009. 2011.

Band 7 Roman Sukač (ed.): From Present to Past and Back. Papers on Baltic and Slavic Accentology. 2011.

Band 8 Diego Gabriel Krivochen: The Syntax and Semantics of Nominal Construction. A Radically Minimalist Perspective. 2012.

Band 9 Teodora Radeva-Bork: Single and Double Clitics in Adult and Child Grammar. 2012.

Band 10 Anja Hennemann: A Context-sensitive and Functional Approach to Evidentiality in Spanish or Why Evidentiality needs a Superordinate Category. 2013.

Band 11 Diego Gabriel Krivochen / Peter Kosta: Eliminating Empty Categories. A Radically Minimalist View on Their Ontology and Justification. 2013.

Band 12 Christina Behme: Evaluating Cartesian Linguistics. From Historical Antecedents to Computational Modeling. 2014.

Band 13 Kathleen Plötner: Raum und Zeit im Kontext der Metapher. Korpuslinguistische Studien zu französischen und spanischen Raum-Zeit-Lexemen und Raum-Zeit-Lokutionen. 2014.

Band 14 Marion Eva Ernst: Produktnamen der Lebensmittelindustrie. Eine empirisch-strukturelle Untersuchung. 2014.

www.peterlang.com